KB155057

미래 사회를 대비한 ✦

가정과교육과정과 수업의 이해

저자 소개

김은정
경북대학교 사범대학 가정교육과 조교수

곽선정
인천 고잔고등학교 교사

김윤정
인천 관교중학교 교사

김지슬
인천 인천온라인학교 교사

김지우
서울 목동중학교 교사

고재윤
서울 상명중학교 교사

최고은
경북 상주여자고등학교 교사

미래 사회를 대비한
가정과교육과정과 수업의 이해

초판 발행 2024년 3월 15일

지은이 김은정, 곽선정, 김윤정, 김지슬, 김지우, 고재윤, 최고은
펴낸이 류원식
펴낸곳 교문사

편집팀장 성혜진 | **책임진행** 전보배 | **디자인** 신나리 | **본문편집** 유선영

주소 10881, 경기도 파주시 문발로 116
대표전화 031-955-6111 | **팩스** 031-955-0955
홈페이지 www.gyomoon.com | **이메일** genie@gyomoon.com
등록번호 1968.10.28. 제406-2006-000035호

ISBN 978-89-363-2563-3(93590)
정가 21,000원

저자와의 협의하에 인지를 생략합니다.
잘못된 책은 바꿔 드립니다.

Home Economics Education Curriculum & Instruction

미래 사회를 대비한

가정과교육과정과 수업의 이해

김은정 · 곽선정 · 김윤정 · 김지슬 · 김지우 · 고재윤 · 최고은 지음

교문사

머리말

최근에 고시된 2022 개정 교육과정은 포용성과 창의성을 갖춘 주도적인 사람을 양성하는 것을 비전으로 제시하고 있다. 즉, 미래 사회가 요구하는 다양한 상황에 대처할 수 있는 역량을 함양할 수 있도록 학습자의 삶과 성장을 지원하는 맞춤형 교육과정을 설계하는 것에 중점을 두고 있다. 이를 학교현장에 적용하는 과정에서 교사는 학생의 삶과 연계된 학습, 교과 간 연계와 통합, 학습과정에 대한 성찰을 기반으로 새로운 교육을 실현할 책임이 있다. 더불어 인공지능 교육의 확대, 온·오프라인 교육을 위한 인프라 구축 등은 교사의 수업 역량을 제고하도록 요청하고 있다.

이 책은 이러한 변화에 따라 미래 사회에 적용할 수 있는 가정과교육과정과 수업에 대한 이해에 초점을 맞추어 다음과 같이 구성하였다.

제1장에서는 가정학과 가정과교육의 학문적 발달과 역사를 톺아보고, 학교교육에서 가정과교육의 당위성과 미래 교육의 지향점을 제시하였다. 그리고 전반적인 가정과교육과정의 변화를 탐색하고, 최근의 2015 및 2022 개정 교육과정을 비교·분석하였다.

제2장에서는 가정과교육에 적용할 수 있는 교수·학습모형인 창의적 문제해결법, 실천적 문제중심수업, PBL, 탐구학습, 협동학습, 토론수업, 원격교육 및 블렌디드 러닝 등의 이론과 적용 사례를 제시하였다.

제3장에서는 가정과교육의 학습평가 및 실제를 제시하여, 과정평가가 강조되고 있는 상황에서 학교현장성을 높이고자 하였다. 가정과교육 평가의 개념과 평가유형, 문항 제작과 유형, 학교현장의 평가 방향 및 사례를 제시함으로써 이를 활용하여 더 좋은 새로운 평가방안을 창출할 수 있는 토대를 마련하고자 하였다.

책의 흐름은 가정과교육을 담당하는 현재 교사들과 예비 교사들이 새로운 교육과정을 적용하는 데 고민하는 부분과 학교현장에서의 운영과정을 따랐다. 이 책을 활용하는 모든 분이 더 좋은 가정과수업을 만들어가는 교사가 되길 기대해 본다.

저자 일동

차례

가정학과 가정과교육의 개념과 역사

가정과교육의 교수·학습모형 및 실제

가정과교육의 학습평가 및 실제

CHAPTER 1

가정학과 가정과교육의 개념과 역사

●

제1장에서는 가정과교육의 학문적 발달과 교육과정의
변화에 대해 제시하였다. 가정학은 가정생활과 관련된 법과
관습을 연구하는 학문으로 출발하였다. 학문으로서 가정학은
가정생활과 관련하여 연구, 교육, 학습할 만한 가치가 있는
지식의 체계적인 집합이라고 할 수 있다. 가정학은 남성의
실천학에서 출발하여, 공적·사적 영역의 분리에 따라,
과학적이고 효율적인 가사관리와 자녀양육을 위한 여성
지식 교육의 필요에 의해 학문으로 발전하였다. 이를 토대로
우리나라는 국가수준 교육과정으로 2015, 2022 개정
교육과정을 중심으로 학교교육과정이 운용되고 있다.

1. 가정학의 학문적 발달

1) 가정학의 개념과 정의

'가정학'을 의미하는 Home Economics는 '가정家政'을 의미하는 그리스어 'oikonomia'에서 유래한다. 오이코노미아oikonomia는 '집'을 의미하는 오이코스oikos와 '분배하다'를 의미하는 네모nemō에서 유래한 '법과 관습'을 의미하는 노모스nomos가 결합된 것이다. 즉, 가정학은 가정생활과 관련된 법과 관습에 관해 연구하는 학문이다(채정현 외, 2019). 고대 그리스에서 가정학은 가장家長인 남성에 의한 가족과 재산 전체를 질서에 따라 잘 배치하고 관리하는 것으로, 남성을 위한 실천학이었다(孫峰茗, 2008).

산업혁명 이후 생산과 소비 영역의 분리와 함께 남녀의 성별 분업이 이루어졌다. 남성은 주로 국가(사회)라는 공적 영역에서 일하는 반면, 여성은 사적 영역에서 가정관리와 자녀양육을 담당하게 되었다. 남성의 실천학이었던 가정학은 사적 영역의 관리자로서 여성을 위한 과학적이고, 효율적인 가사관리와 자녀양육에 대한 지식 교육의 필요에 의해 학문으로 발전하였다(장명욱, 1981 ; 조상식, 2008 ; 八幡(谷口)彩子, 2001). 그러나 19세기에 이르러 가정학의 범주를 가정뿐만 아니라 지역사회까지 확대하여 사회에서 요구하는 비판적 사고능력을 키울 수 있어야 한다는 주장(Catharine Beecher, 1870)부터, 여성의 대학 진학을 위한 가정학 과목domestic science 제공 등으로 공교육에서 가정학이 자리매김하였다(채정현 외, 2019).

20세기에는 가정학 전문성과 철학에 대한 연구가 AHEAAmerican Economics Association의 후원으로 활발하게 이루어졌다. 이 과정에서 레이크 플레시드 컨퍼런스Lake Placid Conference(1973)의 가정학 전문성이 가지는 철학에 대한 연구, 브라운과 파올루치Brown & Paolucci(1978)의 《가정학: 정의Home Economics: A Definition》 등의 연구들이 이루어졌다. 빈센티Vincenti(1981)는 가정학을 학문으로서의 근원과 특수성에 기반한 지식의 통합체로 보는 전문성의 기준을 구성하는 규범으로서의 가정학 철학의 중요성을 강조하였다.

가정학의 가장 기본적인 철학적 토대는 '가족과 가족구성원, 지역사회의 질적 생활 향상'이며, 이와 관련하여 사람과 사회문제를 해결하는 것에 목적을 두고 있다.

가정학에 대한 정의는 사람과 사회문제, 사회요구에 대한 범위에 대한 학자들의 관심에 따라 **표 1-1**과 같이 다양하게 제시되고 있다.

표 1-1. 가정학의 정의

나라	학회 및 인명	연대	정의
미국	American Home Economics Association (AHEA)	1920	가정학은 인간에 근접한 물적 환경과 사회적 존재로서의 인간의 특성에 대한 법칙, 조건, 원리 및 이상을 연구하고 이 두 요소의 상호작용에 대해 연구하는 학문이다(今井光映·山口久子, 1991, p.54).
		1959	가정생활을 위한 개인의 교육, 변화하는 개인과 가족의 요구를 만족시킬 수 있는 수단을 발견하고, 지역사회, 국가 및 세계의 정보를 가족생활과 조화 및 적응시키는 것에 목적을 둔 학문이다(채정현 외, p.40).
		1979	브라운과 파올루치의 연구결과를 토대로, 가족이 가족 내의 행동체계를 구축하고 유지할 수 있는 능력을 기르는 것을 돕는 것을 사명으로 하는 실천학문이다(이연숙, 2002; 채정현, 2019, p.40).
	East M.	1980	순수학문 분야가 아닌 가정학과 같은 전문 분야의 실천은 핵심적 가치를 표현하고 공중(public)의 안녕을 위한 윤리적이고 책임 있는 이타적 관심에 의해 지지가 되는 정체성과 깊은 관련이 있다(유태명 외, 2019).
일본	일본가정학회	1984	가정학은 가정생활을 중심으로 한 인간생활에서 사람과 환경과의 상호작용에 대해 인적, 물적 양면에서 자연, 사회, 인물의 여러 과학을 기초로 하여 연구하고 생활 향상과 함께 인류복지에 공헌하는 실천적 총합과학이다(今井光映·山口久子, 1991, p.53~54; 조현주, 2005 재인용).
	今井光映, 山口久子	1991	가정학은 가족, 개인이 그 생활에 필요한 여러 환경과의 상호작용 문제를 사실로 인식하고 그 생활의 기본적인 가치를 지키며 인간으로서 개인적, 사회적인 자기실현을 목적에 기반하여 비판, 이해, 상호작용의 문제해결방법을 제안한다. 이론과학과 실천과학을 지향하는 이해과학이다(今井光映·山口久子, 1991, p.56; 조현주, 2005 재인용).
한국	장명욱	1985	인간 및 가족과 이를 둘러싼 환경 또한 인간 및 가족과 환경과의 관계를 종합적으로 연구하는 실천과학이다(서정희 외, p.23).
	문수재	1986	가정학은 가정생활을 중심으로 인간이 생태를 검토하고 인문과학, 사회과학 그리고 자연과학의 지식과 이론을 바탕으로 가정생활 현상의 여러 문제를 연구하는 응용과학이다(서정희 외, p.23; 조현주, 2005, p.517 재인용).

(계속)

나라	학회 및 인명	연대	정의
한국	이인회 외	1991	가정학은 자연과학, 사회과학, 인문과학의 기초학을 바탕으로 생활에 응용·활용함으로써 가족과 가정의 복지를 모색하는 학문이다(이연숙, p.22~23 ; 조현주, 2005, p.517 재인용)
	유태명	1992	가족을 위한 시스템을 만들어가기 위한 실천 이성적 지식의 집합체이다(유태명, 1992).
	서정희 외	1993	가정학은 본질적으로 인간, 가족, 환경과 이들 간의 상호작용에 관해 연구하여 현재와 미래의 개인, 가족, 지역사회의 행복 증진에 공헌하는 학문이다(서정희 외, p.23~24 ; 조현주, 2005, p.517 재인용)
	유영주 외	1994	가정학은 이론과학으로서의 역할뿐 아니라 행동과 행동의 바람직한 개선으로 연결되어 당위성을 주장하는 방법의 체계화를 세우는 실천과학이다(이연숙, p.23 ; 조현주, 2005, p.517 재인용).
	조현주	2005	가정학은 인간학과 환경학의 상호작용으로 정립되어 있으며, 인문, 사회, 자연과학의 종합학이다(조현주, 2005, p.529).

이상의 가정학에 대한 다양한 정의를 종합하면, 가정학은 자연, 사회, 인문과학 및 예술에 이르기까지 모든 학문의 지식이나 원리를 종합하여 실제의 가정생활에 적용하는 가정생활과 기초과학을 응용하여 가족구성원 개개인들이 추구하는 목표를 달성할 수 있도록 도와주는 학문이다(김영희, 1996 ; 유태명, 1989).

2) 학문으로서의 가정학

학문을 단순한 앎이 아닌 한 사회가 연구, 교육, 학습할 만한 가치가 있다고 설정한 지식의 체계적인 집합으로 정의한다면(이성규, 1994), 가정학은 가정생활과 관련하여 연구, 교육, 학습할 만한 가치가 있는 지식의 체계적인 집합이라고 할 수 있다. 브라운과 파올루치(1978)는 아리스토텔레스Aristoteles의 학문의 범주와 그 기능에 따라 학문을 **표 1-2**와 같이 범주화하였다.

표 1-2. 브라운과 파올루치에 의한 학문의 범주

(A) 순수학문 (discipline)	(B) 사명지향적 학문 (mission-oriented field)	(C) 해석적 학문 (interpretive field)
• 화학(chemistry) • 사회학(sociology) • 물리학(physics) • 경제학(economics) • 심리학(psychology)	• 하위그룹 1(subgroup Ⅰ) – 가정학(home economics) – 의학(medicine) – 교육(education) – 사회 사업학(social work) • 하위그룹 2(subgroup Ⅱ) – 우주 공학(space technology) – 기계공학(mechanical engineering)	• 미술(painting) • 연극(drama) • 조소(sculpture) • 영화(film-making) • 음악(music) • 사진(photography) • 역사(history)

순수학문discipline은 화학, 사회학, 물리학, 경제학, 심리학 등 각종 분야에서 기초가 되는 학문을 의미한다. 사명지향적 학문mission-oriented field은 사회문제나 이 분야의 도움을 받아야 할 사람의 문제를 해결하기 위해 행동방법을 탐색하는 학문을 의미한다. 이 학문의 특징은 여러 기초학문(순수학문)에서 지식의 통합과 조직을 통해 지식의 유효성을 검토하는 것에 있다. 또한 이 분야는 두 가지의 하위그룹으로 분류할 수 있는데, 하위그룹 Ⅰ의 목적은 직접적으로 사람의 욕구를 충족하는 것이고, 하위그룹 Ⅱ의 목적은 간접적으로 사람들에게 편의를 제공하는 것이다. 그리고 해석적 학문interpretive field은 인간의 본질이나 환경의 여러 측면에 대한 해석을 통해 창조에 초점을 둔 학문이다.

이상의 학문 범주를 기초로 하였을 때 가정학은 인간에게 직접적으로 도움이 되는 사명지향적 학문으로 규명하고, 그 사명을 제창하였다(Vincenti, 1981, p.38 ; 윤복자·김경희, 1983, p.3 재인용 ; 채정현 외, 2019). 이스트East(1980)는 순수학문 분야가 아닌 가정학과 같은 전문 분야의 실천은 핵심적 가치를 표현하고 공공의 안녕을 위한 윤리적이고 책임 있는 이타적 관심에 의해 지지가 되는 정체성과 깊은 관련이 있다고 하였다.

3) 가정학의 대상과 영역

이스트(1980)는 《가정관리: 경제Management of Household: Economics》, 《환경 개선을 위한 응용과학: 인간생태학Application of science for improving environment: Human Ecology》, 《귀납적 추론:

요리와 바느질Inductive reasoning: Cooking and Sewing》,《여성다움을 위한 여성 교육: 가사노동The education of women for womanhood: Homemaking》으로 가정학 모델의 유형을 토대로 초기 가정학의 목표를 분석하였다.

이러한 가정학의 목표에 따라 가정학은 가정생활을 영위하는 인간과 가족, 이를 둘러싼 환경과의 관계를 연구 대상으로 하여 발전해왔다. 이때 가정생활 영역에는 인간 발달, 의, 식, 주, 자원관리, 가족관계, 소비, 진로 등이 있다. 가정학은 이 영역에서 당면한 일상적이고 실질적인 문제 그리고 철학적인 질문을 해결해 나갈 방법을 제시하는 것이다. 더불어, 가정학은 가족구성원들이 실질적인 문제를 도덕적이고 건전하게 판단하는 데 필요한 지식뿐 아니라 사고하는 과정까지 반영할 필요가 있다(유태명, 1996).

이 과정에서 가정학의 학문적 특성이 학교교육을 통해 무엇을 가르쳐야 하는지에 대한 지향점을 나타낸다고 할 것이다.

2. 가정과교육의 학문적 발달

1) 가정과교육의 발달

우리나라의 가정과교육은 여성 교육의 일환으로 이화학당이 설립된 이후(1886년) 이루어지기 시작하였으나, 본격적인 공교육 내에서의 가정과교육은 가정생활 관련 교과목인 '가사'가 생기면서 시작되었다. 이때 가정과교육의 목표는 현모양처를 양성하는 것이었다(전미경, 2005). 이후 고등여학교를 중심으로 가정생활에 필요한 기예교과로서 조화, 자수, 편물, 재봉, 수예, 가사과목을 교육하였다. 초기 가정과교육은 여성이 가정에서의 역할을 충실히 수행할 수 있는 덕의 함양에 목적을 두었다.

19세기 이후 사회적 요구에 따라 초·중등학교에서 교과로서 자리매김한 가정과교육은 생활에서 이루어지는 다양한 원리와 진리를 탐구하고 배우는 활동으로서의 학문의 본질에서 벗어나, 사회가 요구하는 직업인 양성 등의 실용적인 목적으로 전환되기 시작하였다. 더욱이 실용주의, 진보주의, 구성주의 등의 교육사조는 전환

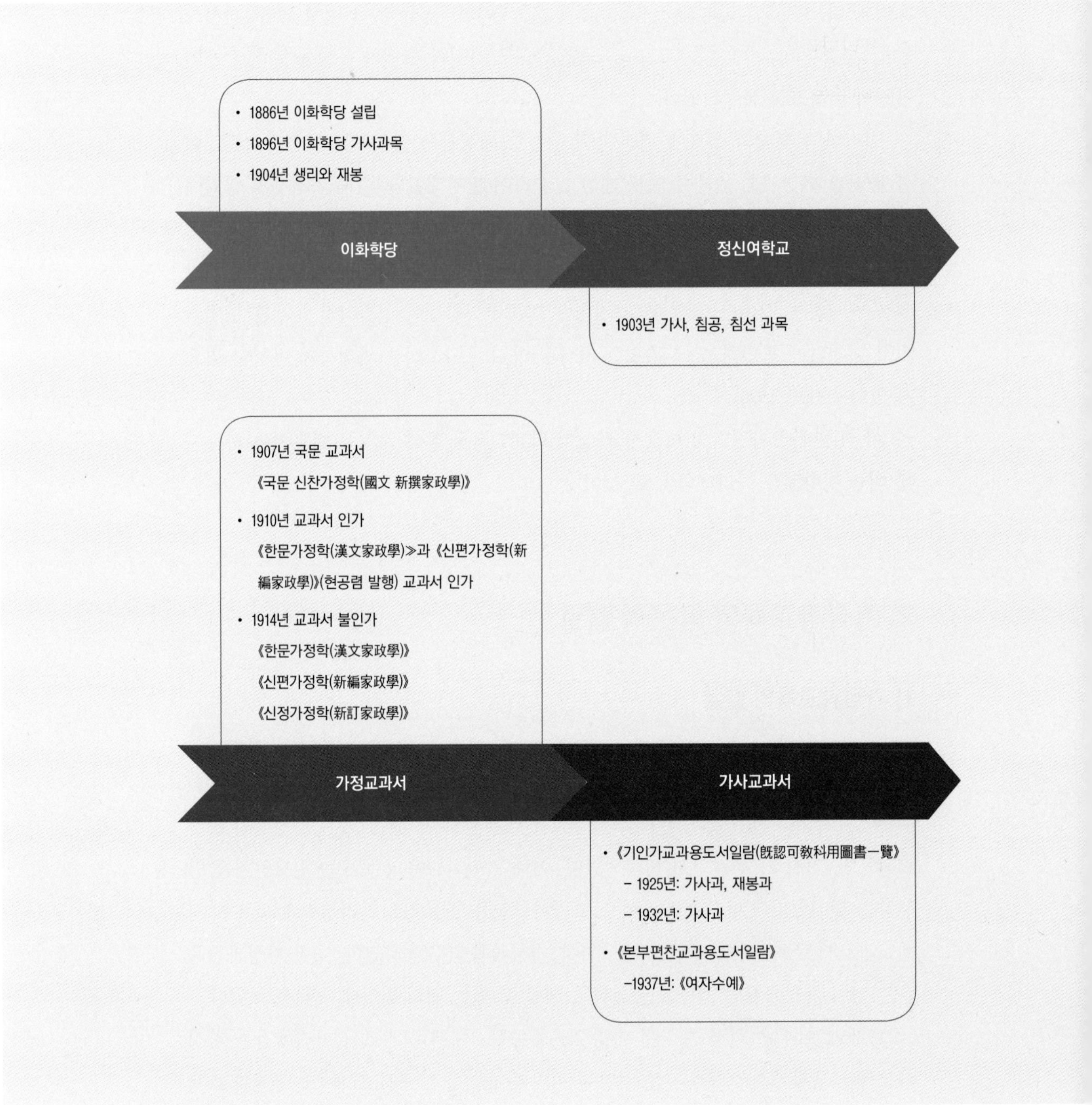

- 1886년 이화학당 설립
- 1896년 이화학당 가사과목
- 1904년 생리와 재봉

이화학당

정신여학교

- 1903년 가사, 침공, 침선 과목

- 1907년 국문 교과서
  《국문 신찬가정학(國文 新撰家政學)》
- 1910년 교과서 인가
  《한문가정학(漢文家政學)》과 《신편가정학(新編家政學)》(현공렴 발행) 교과서 인가
- 1914년 교과서 불인가
  《한문가정학(漢文家政學)》
  《신편가정학(新編家政學)》
  《신정가정학(新訂家政學)》

가정교과서

가사교과서

- 《기인가교과용도서일람(既認可教科用圖書一覽》
  - 1925년: 가사과, 재봉과
  - 1932년: 가사과
- 《본부편찬교과용도서일람》
  -1937년: 《여자수예》

그림 1-1. 개화기 이전 가정과교육의 변천

자료: 전미경(2004) ; 정덕희(1993)

속도를 더 가속화하였고, 현재와 같은 가정과교육의 모습에 이르게 되었다.

우리나라의 가정과교육은 1945년 12월부터 미군정에 의해 실업교육vocational education으로 범주화하여, 의식주 개선론과 함께 가정교육학의 교육과정 체계를 구성하였다(vocational education, 1947; 조유재, 2022 재인용). 이 시기의 가정과교육의 주된 목표는 가사 및 개인·가족문제에 대한 종합적 접근, 삶에 필요한 전문적 지식과 기술의 제공뿐 아니라 민주적 사회 속에서 개인 및 가족을 교육하는 것이었다. 또한 이에 대한 관심을 증진하고 수용하도록 하는 것도 목표였다. 이후 가정과교사의 직무능력 강화에 목적을 두고, 가정과교사를 대상으로 하여, 의복구성 및 식단배치와 같은 가정학의 이론을 강의하고 현장 지도 요령을 전수하는 실무 연수의 성격을 띠는 워크숍을 진행하였다. 또한 식품·직조 공장 및 병원 견학, 가정용 전기도구 사용 및 수리법에 대한 시연과 실습을 통해 더 나은 생활양식을 전달하였다(조유재, 2022).

그리고 중등학교 이상의 교직 종사자로 한정한 전문가 집단으로 구성된 대한가정학회를 창설하여, 한국 교육과 국민생활의 합리화, 가정학·재봉·수공예 연구를 통한 가정생활의 증진을 목표로 하였다. 이 단체는 한국형 영양학 교재를 출판하고, 《중등가사독본》이라는 한글 교과서를 통해 단순한 삶의 자세의 열거가 아닌 지식 전달이라는 측면을 강화하며, 생활의 향상, 국민생활과 같은 생활개선론을 포함하였다(정덕희·서병숙, 1993).

이후 1960년대에 브루너Bruner(1960)가 제시한 학문 중심 교육과정의 흐름에 따라 가정과교육에서 학문의 중요성을 강조하였다. 가정과교육의 모학문인 가정학의 본질, 즉 자연의 진리를 탐구하고, 자연의 이해를 추구하는 과학의 역사적 흐름과 탐구 맥락에서 벗어나, 지나치게 과학 외적인 것에 의해 영향을 받는 협의의 가정과교육으로 변모되어 갔다. 다시 말하면, 가정과교육이 가정학의 본질적 가치를 중시하기보다는 사회적 유용성, 실용성, 결론적 지식체계 등의 외재적 가치에 따라 부분적이고 파편화된 시각에서 바라본 가정과교육으로 전환되었음을 의미한다.

2) 교과교육으로서 가정과교육

(1) 교과교육의 개념

우리나라에서 학문으로서 교과교육에 대한 논의가 활발해진 시기는 1980년대 이후이다. 1980년대 이전의 교과교육학은 학문적 개념과 체계, 이에 따른 교과목 구성과 교과목의 내용이 무엇인지에 대한 정체성이 성립되지 못하였다. 교과 중심의 초·중등학교 교육과정이 구체화되면서, 교과의 지식이나 기능과 관련된 학문활동을 바탕으로 학생들을 양성하는 교사 양성 대학의 주요 과목으로 교과교육이 중요해지면서 시작되었다.

교과교육학이 무엇인지에 대해 학자들 사이에는 두 가지 관점이 있다(이경호, 2020).

첫째, 교과교육학을 교육학이나 해당 학문의 단순한 응용 분야로 보는 시각이다. 이 시각은 교과가 학문을 반영한다고 보며, 학문과 교과 간의 분리될 수 없이 밀접한 관련성을 주장하는 학문중심주의에 해당한다. 1960년대의 학문중심주의에 따르면, 교과란 학자가 하는 일, 즉 협의의 학문에 해당하는 일을 의미한다. 이러한 관점에 따르면 교과교육의 정체성 정립뿐 아니라 교과교육의 고유성 및 전문성을 발전시키기에는 한계가 있다. 이는 교과내용학에 해당하는 학문 분야의 주요 이론과 핵심 지식에만 의존할 경우, 교과교육이 추구해야 할 고유한 관점과 전문적인 이론을 창출하지 못하는 학문이 될 수밖에 없기 때문이다.

둘째, 교과교육을 학문과 교과가 구별된 독립적인 학문으로 보는 관점이다. 이 관점은 교과와 교과교육에 대한 이해를 기초로 한다. 이는 교과가 그 토대가 되는 학문의 단순한 반영에 불과하다는 관점을 비판하고, 학문과 교과 간의 차이를 강조하여 두 개념을 구별해야 한다고 주장한다. 주장의 근거로 학문과 교과가 실행되는 맥락 혹은 장소의 차이에 주목한다. 학문은 대학에 소속된 학자들이 하는 일과 그 결과물로서의 지식체계를 의미하며, 교과는 학교에서의 교수·학습의 내용이기에 학문과 교과는 구별됨을 의미한다. 이는 표준국어대사전에서 교과를 '학교에서 교육의 목적에 맞게 가르쳐야 할 내용을 계통적으로 짜 놓은 일정한 분야'로 정의한 것을 토대로, 교육이 지향하는 목적을 달성하기 위한 지식과 기능을 논리적으로 순서화한 것으로 재정리된다(김헌수, 2000; 소경희, 2010). 이 관점에서는 학문과 교과는 전통적인 학문체계를 단순히 반영한 것이 아니며, 교육목적을 달성하기 위해 교육적 상상력으로 설계된 목적 지향적인 교육의 기획물로 교과를 바라본다(Deng & Luke, 2008). 또한 교과교육이란 교과를 가르치는 일로 정의하며, 교과교육과 학문을 별개의 활동으로 간주한다. 이러한 관점에 따르면 학문, 교과, 교과내용, 교과교육 간의 유기적인 관계를 파악하는 것을 어렵게 만들 수 있으므로, 본질적 상호작용interaction 속에서 교과내용과 교과교육이 상호 발전하기 위한 방안을 탐색하는 것이 필요할 것이다.

이때 교사들의 교과교육의 전문 지식에 대한 요구가 늘어나게 된다. 교사의 전문 지식은 지식의 특성과 구조 그리고 교과내용의 성격에 따라 가르치는 교육학적 체계를 다르게 적용할 수 있는 능력을 의미한다(강현석·주동범, 2000). 또한 교사 지식은 교실이라는 구체적인 상황에서 실행을 통해 발달되어 가는 실천적인 지식(Gess-Newsome, 1999; 임청환, 2003)과 교사를 둘러싸고 있는 외부의 물리적 환경 및 지적 환경과 내부의 사고방식과 신념 등의 여러 가지가 복잡하게 얽혀서 형성되는 지식(Driel & Beijaard, 2001)을 포함한다. 이러한 교사의 교수활동을 구성하는 지식 기반에 대한 연구를 중심으로 슐만Shulman(1986)은 교사 지식을 교과내용학 지식과 교육학 지식 이외에 교수내용 지식PCK, Pedagogical Content Knowledge이라는 개념을 제시하고, 이를 내용과 교수가 변형된 통합적 지식체계로 규정하였다. PCK 논의는 교사 지식에 대한 연구 목적과 틀을 제시하며, 각 교과별로 특유한 교수에 관한 연구와 교사 양성 교육과정에서의 적용에 관한 연구의 필요성을 강조하였다.

(2) 교과교육으로서의 가정과교육

교과교육은 교육내용을 매개로 한 교사와 학생의 가르치고 배우는 활동인 교수·학습에 기반한다. 교사는 교육의 목적과 목표를 달성하기 위해 교육내용인 교과 지식을 전달하는데, 이 지식은 개념구조로서, 사실을 전체적으로 조직하는 원리와 같다(이홍우, 1980).

가정과교육에서의 수업 전문성은 가정교과의 내용 지식과 교수·학습에 필요한 방법적 지식을 교실 수업에서 종합하고 재구성할 수 있는 능력을 의미한다(유난숙·

채정현, 2009). 교과가 실행되는 맥락 혹은 장소인 학교현장에서 이루어지는 가정과 교육은 가정교과의 지식뿐 아니라 그것의 탐구과정이나 방법을 포함하여 학생들을 가르치게 된다. 이를 '가정교과교육에서의 지식$_{PCK}$'으로 명명하며, 그 차원과 구성 요소는 **표 1-3**과 같이 교수법 지식, 표현 지식, 내용 지식, 평가 지식, 학생 지식, 교육과정 지식, 환경상황 지식으로 구분할 수 있다.

표 1-3. 가정교과교육의 교수내용 지식(PCK)

범주	설명
교수법 지식	• 가정교과에 적합한 다양한 교수법과 교과개념 이해에 도움이 되는 교수법과 관련된 지식
표현 지식	• 교과내용을 전달하기 위한 교수학적 변환 지식 • 설명, 이야기, 질문, 논증 등의 방법을 교과의 내용에 맞게 전달할 수 있는 지식
내용 지식	• 교과내용에 대한 이해 • 교과의 이론, 원리에 대한 지식
평가 지식	• 교과에 적합한 평가도구 유형, 평가문항 및 문항 개발, 목표 도달 정도를 평가할 수 있는 지식
학생 지식	• 학생들의 개인차, 능력, 학습 스타일, 발달수준, 태도, 동기, 가정교과에 대한 선지식 등에 대한 가정과교사의 지식
교육과정 지식	• 가정과교육과정의 의미와 목표, 내용에 대한 이해와 다른 관련성에 대한 지식
환경상황 지식	• 가정과 교수·학습에 영향을 주는 교사 자신의 전문성을 향상시키기 위한 인식과 노력에 대한 가정과교사의 지식

가정교과교육의 교수법 지식은 가정교과에 적합한 다양한 교수법 및 교과개념 이해에 도움이 되는 교수법과 관련된 지식을 의미한다. 표현 지식은 교과내용을 전달하기 위한 교수학적 변환을 의미하며, 설명, 이야기, 질문, 논증 등의 방법을 교과의 내용에 맞게 전달할 수 있는 지식을 의미한다. 내용 지식은 교과내용에 대한 이해와 교과의 이론, 원리에 대한 지식을 의미한다. 즉, 가정교과교육에 대한 목표나 가정교과교육의 성격과 관련된 가정과교사의 가치나 신념에 대한 지식을 의미한다. 평가 지식은 교과에 적합한 평가도구 유형, 평가문항 및 문항 개발, 목표 도달 정도를 평가할 수 있는 지식을 의미한다. 학생 지식은 학생들의 개인차, 능력, 학습

스타일, 발달수준, 태도, 동기, 가정교과교육에 대한 선지식 등의 가정과교사의 지식을 의미한다. 교육과정 지식은 가정과교육과정의 의미와 목표, 내용에 대한 이해와 타 영역과의 관련성에 대한 지식을 의미한다. 환경상황 지식은 가정과 교수·학습에 영향을 주는 교사 자신의 전문성을 향상시키기 위한 인식과 노력에 대한 가정과교사의 지식을 의미한다(김은정·이윤정, 2017). 이때 학생 지식과 환경상황 지식은 교육실습 준비과정과 실연을 통한 현장 확인 및 부분적인 연습의 기회를 통해 개발될 수 있다(박상완, 2007).

(3) 가정과교육의 지식과 관심

① 가정과교육의 명제적 지식

학문 중심 교육과정의 영향을 받아 가정과교육의 교육내용 지식에는 인간 발달과 가족관계, 가정자원관리, 소비자학, 식품학, 영양학, 의류학, 주거학 등의 가정학 하위 학문 영역들의 개념, 원리 등이 포함되었다. 가정과교육의 지식체계에 대해서는 **표 1-4**의 중등 가정과교사의 자격 표시과목을 통해 확인할 수 있다. 우선, 기본이수과목은 (1) 가정교육론 (2) 영양학, 식품과 조리 (3) 의복재료와 관리, 의복디자인과 구성 (4) 주거학, 실내디자인 (5) 가정경영, 소비자학 (6) 아동학, 가족학 (7) 가정생활과 복지, 가정생활문화, 가정생활과 진로의 7분야로 구성되어 있고, 각 분야별로 1과목 이상을 이수해야 한다.

표 1-4. 중등학교 교사자격 중 보통 교과 관련 표시과목

표시과목	관련 학과 또는 학부	기본이수과목(또는 분야)	비고
가정 (home economics)	가정교육학 및 관련되는 학부(전공·학과)	(1) 가정교육론 (2) 영양학, 식품과 조리 (3) 의복재료와 관리, 의복디자인과 구성 (4) 주거학, 실내디자인 (5) 가정경영, 소비자학 (6) 아동학, 가족학 (7) 가정생활과 복지, 가정생활문화, 가정생활과 진로	(1)~(7) 분야 중 각 분야에서 1과목 이상 이수

(계속)

표시과목	관련 학과 또는 학부	기본이수과목(또는 분야)	비고
기술 · 가정 (technology & home economics)	기술교육, 가정교육학 및 관련되는 학부(전공 · 학과)	(1) 기술 · 가정교육론(또는 기술교육론 또는 가정교육론) (2) ① 제조기술(제도, 기계), ② 건설기술(토목, 건축), ③ 수송기술(에너지, 자동차공학), ④ 통신기술(전기, 전자, 컴퓨터, 정보통신), ⑤ 생명기술(재배사육, 생명기술기초) (3) ① 영양학, 식품과 조리, ② 의복재료와 관리, 의복디자인과 구성, ③ 주거학, 실내디자인, ④ 가정경영, 소비자학, ⑤ 가족학, 아동학, ⑥ 가정생활과 복지, 가정생활문화, 가정생활과 진로	(1) 분야에서 1과목, (2)의 ①~⑤와 (3)의 ①~⑥ 분야 중 각 분야에서 1과목 이상 이수 ※ 단, 가정 전공은 기술 분야에서, 기술 전공은 가정 분야에서 각각 35학점 이상 이수

자료: 교육부, 2021년도 교원자격검정 실무편람

② 가정과교육의 비판과학 지식

브라운(1985)은 가정교과의 내용요소들이 가정생활에서 직면할 수 있는 문제들을 포함하고 있으며, 이는 이전의 단편적인 지식의 답습으로 해결하기에는 어려움이 있으므로 비판과학 관점이 필요하다고 하였다. 그중 하버마스Habermas(1971)가 《지식과 관심Knowledge and Human Interest》에서 제시한 지식의 이론Theory of Knowledge을 토대로 가정과교육에서의 실천을 위한 시사점을 도출하였다(유태명 · 주수언 · 양지선, 2019).

하버마스(1971)는 인간의 기본적 관심에 따라 인간과 세계에 대한 일정한 관점이 형성되고, 이에 따라 대상을 이해하고 탐구하는 접근방법이 달라진다고 보았다. 사회와 지식의 상태에 대한 적절한 이해는 비판적 이성을 통해 나올 수 있으며(로버트 영, 2003), 인간소외 현상과 병리현상을 극복하고 자유와 해방을 보장하는 방법으로 인식과 관심에 대한 올바른 이해와 결합을 제시하고, 인간의 지식 탐색과 관련하여 세 가지 인지적 관심으로 구분하였다.

하버마스의 지식이론에 따른 인지적 관심 세 가지 관심은 인간의 생존을 위한 자연현상을 예측하고 지배하는 기술적 관심, 인간 공동체의 유지를 위하여 서로 대화하고 의견을 일치시키는 의사소통적 관심 및 이성적 행동과 자아 성찰을 통해 궁극적으로 인간의 자주성과 이상적인 사회조건을 확립하려는 해방적 관심이다(유태

표 1-5. 하버마스의 지식이론

구분	기술적 관심	의사소통/실천적 관심	비판적/해방적 관심
질문	무엇이 사실인가?, 어떻게 성해진 목표를 달성할 수 있는가?	우리는 어떤 목표를 추구해야 하는가?	어떤 행동을 해야 하는가?
행동의 근거	X를 달성하기 위해 Y를 행하는 것	언어의 규칙, 사회적 가치와 규범	자유에 대한 도덕적 가치, 기술적 규칙, 언어의 규칙, 사회적 가치와 규범
학문의 형성	경험 · 분석과학	해석학	비판과학
인간 행동의 촉진	도구적 전략 행동	상징적 상호작용	지배적인 것에 대한 자기성찰적 행동
행동의 유형	기술적/도구적	의사소통적 행동	해방적 행동
매개	노동, 일, 연구(work)	상호작용(interaction)	권력(power)
궁극적 목적	보편적 일반화에 도달	의미의 이해, 통찰력, 합의에 이르게 되는 것	사고에 기반한 이성적 행동, 강제와 사회적 통제로부터 자유로워지는 것

자료: Habermas(1971); Hultgren(1982); Schubert(1986); Watters(1981); 유태명 외(2019), p.177 재구성

명·이수희, 2010). 이러한 하버마스의 인지적 관심을 유태명 외(2019)는 **표 1-5**와 같이 학문의 형성과 인간 행동을 촉진하며, 이 관심에 따른 과학의 유형, 인지적 관심별 질문, 행동의 유형, 매개체, 궁극적 목적으로 구분하여 제시하였다.

첫째, 기술적 관심은 '무엇이 사실인가?', '어떻게 정해진 목표를 달성할 수 있는가?'에 대한 질문을 토대로 경험 분석과학을 형성하며, 행동의 근거로 'X를 달성하기 위해 Y를 행하는 것'으로 기술적 행동을 이끈다.

둘째, 의사소통적 관심의 질문은 '우리는 어떤 목표를 추구해야 하는가?'이며 이를 통해 역사해석 과학적 학문을 형성한다. 행동의 근거는 '언어의 규칙', '사회적 가치와 규범'이며, 이는 의사소통적 행동을 이끈다.

셋째, 해방적 관심은 '어떤 행동을 해야 하는가?'라는 질문을 토대로 비판과학을 형성하며, '자유에 대한 도덕적 가치', '기술적 규칙', '언어의 규칙', '사회적 가치와 규범'을 근거로 해방적 행동을 이끈다.

이상의 세 가지 관심을 중심으로 브라운(1980)은 가정과교육학의 이론과 실천

을 개념화하여 제시하였다. 우선, 기술적 관심에 기반한 행동은 특정한 결과나 목표를 추구하며, 수단은 그 목표를 달성하기 위해 도구적 효율성에 따라 결정되는 수단과 결과 지향적인 성격을 띤다. 기술적 지식은 결과를 생산하기 위한 효율적 수단을 결정하는 데 요구된다고 하였다. 기술적 관심의 목적은 노동, 일, 연구work 등의 사회 매체를 통하여 예측과 통제를 가능하게 하고, 궁극적으로 보편적 일반화에 도달하는 것이다.

의사소통적 행동은 일상의 의사소통에서 상호 주관적 이해와 관련된다고 보았다. 이는 의사소통적 행동체계를 구성원 사이에서 공유된 의미와 목표 그리고 삶의 가치의 문화적 전통이 해석되고, 개인, 집단, 문화 간의 의도와 관습의 적합성에 대한 의문과 도덕적 갈등이 해결되는 것으로 보았다. 의사소통적 관심에는 문학, 예술, 역사, 해석적 사회과학과 같이 매일의 생활과 사회적 상호작용의 표현을 해석하는 지식이 요구된다. 또한 의사소통적 관심의 목적은 상호작용을 매개체로 의미의 이해, 통찰력, 합의에 이르게 되는 것이다.

해방적 행동은 성숙한 자주성을 갖춘 자아를 의식과 세계의 본질을 개념화하는 원천으로 인식한다고 보았다. 이때 성숙한 자주성은 이성을 사용하려는 의지를 전제로 하며, 독단적이고 무비판적인 의식으로부터 자유로워지는 것을 의미한다. 해방적 행동은 자유롭고 책임감 있는 존재에 관심을 두며, 개인의 자주성뿐만 아니라 기만적인 사회적 분위기로 인해 사회나 사회구성원의 고통으로부터 자유롭게 하는 것에 관심을 둔다. 그리고 해방적 관심의 목적은 권력power의 사회 매개체를 통해, 사고에 기반한 이성적 행동, 강제와 사회적 통제로부터 자유로워지는 것이다.

브라운(1985)은 하버마스의 지식이론이 다양한 지식에 관한 사회적 함의를 검토하기 때문에 지식의 사회화이론을 일깨워준다고 하였다. 이러한 브라운의 해석은 지식을 이끄는 인지적 관심은 과학을 형성하는 것에 그치지 않고, 행동을 촉진함으로써 인간의 사고와 행동의 사회적 파급효과를 깨닫게 해준다고 하였다(유태명·주수언 외, 2019).

3. 가정과교육의 미래 방향

가정과교육은 학습자의 생활과 삶을 기반으로 인간의 행복을 추구하는 다양한 역량을 함양하는 데 기여해 온 교과이다(왕석순, 2022). 그럼에도 불구하고, 현대사회에서 개인, 가족, 지역사회의 변화하는 상황에서 보다 미래 지향적인 가정과교육의 비전과 사명이 요구된다.

가정과교육의 비전을 유태명·유난숙 외(2019)는 국내외 역사적·미래 지향적 문헌(McGregor, 2006, 2008, 2010; Nickols & Collier, 2015; 박미정, 2006; 양지선 외, 2017)을 바탕으로 웰빙, 자유, 임파워먼트, 지속 가능성으로 제시하고 있다.

첫째, 웰빙well-being은 웰well, 행복happy, 건강health 또는 번영prosperous하는 상태(McGregor & Goldsmith, 1998, p.5)로, 삶의 한 방식으로 책임을 강조하며 행복하고 건강하고 만족스러운 상태를 의미한다(King, 2007). 가정교육학에서 웰빙은 환경과 상응하고 맥락에 따라 개인에 머무르지 않고 인간과 사회 전체의 삶을 위한 인간conditions of human 및 사회의 조건conditions of society을 형성하는 것을 의미한다. 가정교육학에서의 웰빙은 가정의 보편적 욕구를 충족시키는 상호 관련된 조건들을 규범적이고 비판적 관점에서 성찰해 나가는 것이 필요하다(유태명·유난숙 외, 2019).

둘째, 가정교육학은 단순한 기술이나 지식을 학습하는 것이 아닌 개인이 가진 패러다임적 가정들을 반성 및 재정립하여 새로운 이해로 나아가는 변혁적 학습을 지향한다. 즉, 진정한 개인의 변화를 동반하는 변혁적 학습은 사람들의 기본적인 사고와 감정 그리고 행동에서 심도 깊은 구조적 변화를 경험하는 것을 포함한다. 변혁적 학습과 교육은 개인과 가족의 실천적 관심에 초점을 둔 가정과교육에서 전문적인 성장을 할 수 있는 동력원이 될 것이다. 이를 통해 변화에 대한 가치를 공유하고 행동할 수 있는 가능성을 높여 개인의 자유와 웰빙에 기여할 수 있을 것이다.

셋째, 가정과교육에서 임파워먼트empowerment는 사람이 무엇을 할 수 있는 능력, 가능성, 잠재력을 광범위하게 포함하는 개념으로 웰빙, 자유와 관련된다. 볼드윈Baldwin(1990)은 임파워먼트를 인간의 웰빙을 위하여 자신의 요구와 사회의 본질, 이성적이고 집단적인 행동에 관한 비판적·반사 숙고적 통찰력을 통한 상호적·발달적 과정으로 해석하였고, 인간의 자주성 및 공론 영역의 구축과 유지라는 두 연관된 개념을 포함하였다. 더불어, 자유로운 인간과 자유로운 사회를 형성하는 역할을 하는 가족 임파워먼트family empowerment를 높일 수 있는 가정과교육의 중요성을 강조하였다.

넷째, 가정과교육 경제적·사회적·문화적 지속 가능성과 관련된 다양한 문제에 초점을 맞추어 지속 가능한 삶을 살 수 있도록 교육해 나가야 한다. 이를 위해 교사의 역량 강화와 가정과교육을 통한 사회 변화를 촉구할 수 있는 다양한 연구활동이 이루어져야 한다.

4. 가정과교육과정의 이해

1) 교육과정의 역사

교육과정은 "달리는 코스"를 의미하는 라틴어 '쿠레레currere'에서 기원한 '커리큘럼curriculum'이라는 용어로 사용된다(Pianer, 1975). 교육과정은 넓은 의미로는 '학교가 가르치는 모든 것'을 의미하고, 좁은 의미로는 '특정 학년과 학생들을 위한 각 교과의 구체적인 교육계획이나 학교에서 가르치는 모든 것'을 의미한다(채정현 외, 2011).

교육과정이 학문 영역으로 출발한 시기에 대한 의견은 다양하지만, 미국교육연합회NEA, National Education Association가 1893년에 미국 중등학교 교육과정의 개발에 대한 보고서를 제출한 시기를 교육과정학의 출발점으로 보는 견해가 있다. 반면, 보비트(Bobbit, F. 1918)가 《교육과정The Curriculum》이라는 책을 출간하면서, 교육과정이 학문적인 연구 분야로 자리매김했다는 의견도 있다.

이를 필두로 하여 미국에서 교육과정 개정에 대한 논의가 체계적으로 이루어졌고, 타일러Tyler(1949)는 교육과정 연구들을 종합한 '종합적 교육과정 이론'을 제시하였다(이홍우, 2010). 그는 진보주의 혹은 경험 중심 교육이론을 기초로 교육과정을 체계화하여 《교육과정과 수업의 기본원리Basic Principles of Curriculum and Instruction》를 출간하였다.

1960년대 이후, 학문 중심의 교육과정이 등장하면서 교육과정의 연구 영역이 확장되고 새로운 패러다임이 나타났다. 이는 1957년 '스푸트니크 충격Sputnik crisis'[1] 사건을 계기로 기존의 교육이 아닌 새로운 교육의 수요에 따라 시작되었다. 브루너(1960)는 《교육의 과정The Process of Education》에서 학문 중심 교육과정의 성격을 제시하면서 중등학교의 수학과 자연과학 분야 교육과정에 초점을 두었다. 그러나 학문 중심 교육과정은 학문의 정의, 분류기준·체계, 각 학문의 지식구조structure of knowledge 등에 대한 근본적인 문제들을 야기하였다.

1960년대 말, 학문 중심 교육과정에 대한 대안으로 인본주의 교육과정humanistic curriculum이 등장하였다. 즉, 학문 중심 교육과정은 학교교육에서 비인간화 경향이 나타나는 것에 대응하여, 인간의 잠재 가능성을 실현할 수 있는 교육과정으로 등장하였다. 따라서 인본주의 교육과정은 '학생이 학교생활의 모든 과정에서 경험하는 것의 총체'라고 정의하며, 공식적인 교육과정뿐 아니라 잠재적 교육과정latent curriculum도 모두 중요시한다. 이 교육과정에서는 교수자와 학습자가 모두 개방적이고 자발적이어야 하며, 학생 개개인을 존중하고 이해하는 것을 요구한다.

1970년대 이후로 교육과정에 대한 접근방법이나 패러다임이 다양해지고 있으며, 기존의 교육과정을 비판하고, 그 대안을 탐색하려는 노력을 기울이고 있다. 이러한 경향에 따라 파이너(W. F. Pinar, 1975)는 교육과정 학자들을 전통주의자traditionalist, 개념적-경험주의자conceptual-empiricists, 재개념주의자reconceptualistics로 분류하였고, 맥닐NcNeil(1977)은 교육과정 학자들을 경성 교육과정 이론가hard curricularists와 연성 교육과정 이론가soft curricularists로 구분하였다. 그리고 분석철학적·해석학적·현상학적·구성주의적 패러다임에 대한 연구가 진행되고 있다(김종건, 1999).

---

1 1957년 소비에트 연방이 세계 최초의 인공위성인 스푸트니크 1호를 성공적으로 발사한 사건은 과학기술 분야에서 선도적이라고 여겨졌던 미국에 엄청난 충격을 주었다. 이 사건은 미국이 교육체계에 전반적인 변화를 가져온 계기가 되었다. 즉, 초·중등교육과정을 학생들의 창의성과 흥미를 중시하는 방향에서 수학·과학교육 등 기초학문을 강화하는 방향으로 개편하게 되었다.

표 1-6. 파이너의 교육과정 관점 비교

전통주의	개념적-경험주의	재개념주의
• 과학적 경영원칙을 교육과정에 적용 • 효율성 강조 • 실제적인 업무에 유용한 지침이나 방법 • 실용주의적 전통과 타일러의 모형 계승 • 실증주의 근거	• 경험 과학적인 방법을 교육과정에 적용 • 교육과정 현상을 체계적으로 연구 • 인간행동에 관한 과학적 지식 탐구 • 자연과학에 기초	• 전통 교육과정에 대한 비판에서 출발 • 교육과정을 재분석 및 판단하여 재개념화 • 교육적 경험에 대한 관념적·목적론적·본질적·비판적 이해에 관심 • 교육경험의 내면적·실제적 본질 이해

2) 교육과정의 개념

교육과정의 개념은 학자들에 따라 다양하게 제시된다. 일반적으로 교과내용으로서의 교육과정, 경험으로서의 교육과정, 계획으로서의 교육과정, 교수·학습 결과로서의 교육과정, 실존적 체험과 반성으로서의 교육과정 등으로 구분된다(이성호, 1984).

(1) 교과내용으로서의 교육과정

교과내용으로서의 교육과정은 역사적으로 가장 널리 받아들여진 관점으로, 학생들에게 가르쳐야 할 교육내용을 계열적·체계적으로 조직하는 것에 중점을 둔다. 이 교육과정은 교육목표를 달성하기 위한 교과에 초점을 맞추며, 해당 교과에 포함할 내용과 가장 적합한 교수·학습방법에 관심이 있다.

반면, 이 교육과정은 일정한 교과내용이 미리 정해진 것을 교육과정이라고 보는 관점이므로 비형식적 교육과정은 적절하게 설명하지 못하는 한계가 있다.

(2) 경험으로서의 교육과정

경험으로서의 교육과정은 학교에서 가르쳐야 하는 것이 교과에만 국한되어야 하는지에 대한 의문에서 비롯된 교육과정 관점이다. 즉, 전통적인 교과내용에는 포함되지 않았으나, 학습자에게 학습경험을 제공하도록 교육과정을 구성해야 한다는 것이다. 이 관점은 학생들의 흥미, 필요, 목적을 토대로 교육과정을 구성하여 학습자의 자발적인 활동을 통한 전인적인 발달을 중시한다. 그래서 일률적인 학습이 아닌 개개인의 발달에 관심을 두고, 학습자의 협력을 기본으로 한 수업이 이루어지도록 구성한다.

그러나 경험 중심 교육과정은 학습자의 흥미 위주로 구성된 프로젝트 활동-경험이 현실적으로 실현되기는 어렵다는 비판이 있다. 학생 개개인의 경험, 흥미 등을 고려하는 것은 어려우며, 높은 수준의 학습단계에 해당하는 이상적인 원리, 체계적인 연구를 실행하기에는 한계가 있다는 것이다.

(3) 계획으로서의 교육과정

계획으로서의 교육과정은 교육과정을 의도적이고 계획적인 것으로 보며, 교육과정 문서에는 교육내용, 교육과정 및 학습경험이 모두 포함된다고 보는 관점이다. 이때 교육과정은 교수자가 미리 계획해야 하며, 그 계획은 공식적인 문서와 교수자의 문서화되지 않은 계획까지 포함한다. 이 교육과정은 교육목표, 경험 혹은 내용, 방법, 평가를 조직화한 교육계획이라고 바라보는 관점이다.

(4) 교수·학습결과로서의 교육과정

교수·학습결과로서의 교육과정은 교육과정을 교수·학습의 결과로서 바라보는 관점이다. 이 교육과정은 '계획으로서의 교육과정' 유형에 덧붙여 교수·학습결과를 강조한다. 그러나 교육과정이 사전에 치밀하고 명확하게 계획되었어도, 교수·학습과정에서 학생들의 기본 지식이나 기술, 태도, 가치관 등에 따라 학습결과가 상당히 달라질 수 있음을 고려해야 하는 관점이다.

(5) 실존적 체험과 반성으로서의 교육과정

실존적 체험과 반성으로서의 교육과정은 재개념주의자들이 제시한 교육과정으로, 교육과정을 실존적 체험과 그것을 반성하는 과정으로 보는 관점이다. 교육과정의 어원인 '쿠레레currere'가 의미하는 것처럼 말들이 정해진 길을 따라 달리며 체험하듯이, 교육과정을 교수자와 학습자가 살아오면서 경험한 교육과 자신의 존재 의미를 연관 지어 교육적 상황으로 해석하여 이해하고 자기반성적인 삶을 살아가도록 하는 과정이라고 보는 관점이다.

3) 교육과정 개발의 수준

교육과정의 개발수준은 다음 **그림 1-2**와 같이 의사결정자가 누구냐에 따라 국가, 지역, 학교수준으로 구분할 수 있다.

(1) 국가수준 교육과정

국가수준 교육과정은 국가가 개발 주체가 되어 다양한 의견을 수렴하여 제·개정하고 교육부가 공식적으로 고시하는 것을 의미한다. 이때 제시된 교육과정은 보통교육의 방향을 제시하고 실제 초·중등학교에서 운영하는 교육과정의 목표, 내용, 방법, 평가, 운영 등에 관한 기준과 기본지침 수행기준 및 지침을 의미한다.

이 개발수준에서는 전국적으로 통일된 교육과정을 운영하여 학교급과 학교 간 교육과정의 연계성을 충족한다. 또한 다양한 전문인력과 자원을 투입하여 양질의 교육과정을 개발할 수 있으며, 국가와 사회의 변화에 대응하는 데 도움이 된다. 반면, 교육과정 운영이 국가 주도하에 이루어지기 때문에 획일적이고 경직될 수 있

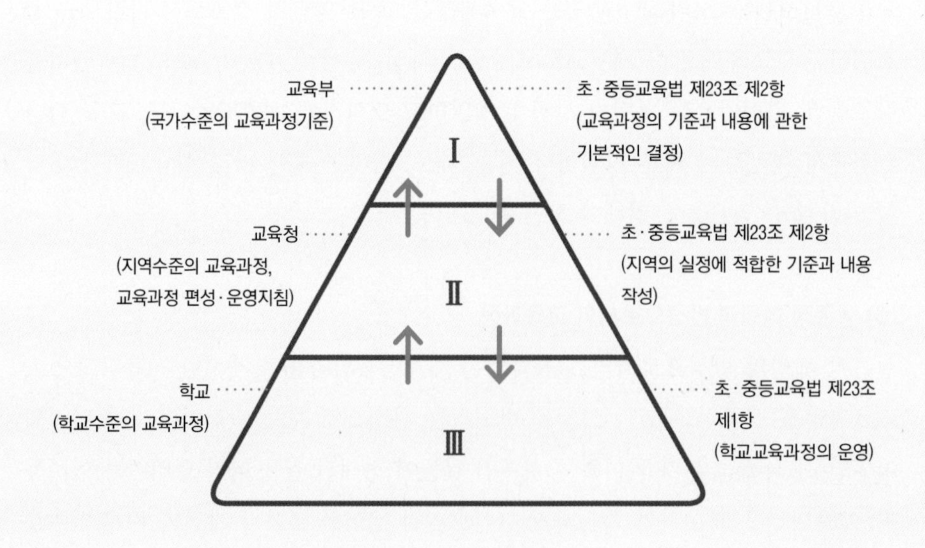

그림 1-2. 교육과정의 수준
출처: 교육부(2017: 5) 재인용 ; 이미숙 외(2013: 55)

으며, 제정된 교육과정은 즉각적인 수정이 어려운 단점이 있다. 또한 교육과정에서 교사가 소외되면 교사의 전문성이 저해되며, 각 지역, 학교, 학습자의 특수성에 맞춘 교육과정을 운영하기 어려워진다. 또한 국가수준 교육과정을 국가의 교육기준, 법적 문서 및 매뉴얼 등으로 다양하게 인식하고 있어(소경희, 2006), 교육과정 문서의 적용이나 실행수준이 크게 차이가 난다(이경진, 김경자, 2005; 이림, 2018). 이로 인해 국가수준 교육과정의 개정과정에서 교육과정의 의미와 해석 및 실행방법에 대한 의견 차이가 발생한다.

(2) 지역수준 교육과정

지역수준 교육과정은 국가수준 교육과정과 학교교육과정을 연결해주는 교육과정이다. 우리나라는 제6차 교육과정부터 교육과정 결정권의 분권화라는 원칙을 설정하여 지역과 학교수준 교육과정을 수용하기 시작했다(김종건, 2007). 그리고 제7차 교육과정에서는 시군 지역교육청의 교육과정에 대한 역할을 강화하는 방향에서 별도의 교육과정 편성·운영지침을 제시하였다. 즉, 지역의 시·도 교육청 단위나 학교 단위에서 실천 중심의 장학자료를 작성하고 초·중학교에 제시하기 위해 다양한 전문가를 참여시켜 교육과정을 결정하는 방법이다. 이 방법은 교사가 적극적으로 교육과정에 참여할 수 있게 하며, 지역의 특수성과 급속한 사회 변화에 대응하여 교육과정을 유연하게 수정·운영할 수 있는 장점이 있다. 반면, 지역수준으로 개발된 교육과정이므로 전국 단위의 교육과정이 합의되기 어려우며, 전문가, 예산, 시간 및 인식 부족 등으로 인해 수준 높은 교육과정 개발을 기대하기 어려운 단점이 있다.

(3) 학교수준 교육과정

학교수준 교육과정은 국가교육과정에 명시된 학교의 임무에 따라 국가수준 교육과정과 시·도 교육청의 교육과정 편성·운영지침을 토대로 각 단위 학교에서 편성한 학교교육과정을 의미한다. 이때 교육과정의 편성권에는 학교의 실태, 학부모와 학생들의 특성과 요구 및 학교의 교육방침이 반영된다. 이는 학교장이 교육과정 편성 권한을 행사하여 중앙정부나 지방자치단체에서 위임받아 교육과정을 재구성할 수 있음을 의미한다.

학교수준 교육과정에서 교사는 능동적으로 교육과정 재구성에 참여할 수 있고, 자신의 자율성과 전문성을 높이며, 학습자 중심의 교육을 추구할 수 있는 장점이 있다. 또한 교육내용의 재구성, 교과목의 탄력적인 편성, 수업시간의 탄력적인 운영 등을 가능하게 한다.

반면, 개별 학교에서 학생들의 요구를 받아들여 교육과정을 구성하기에는 학교의 재원, 시설, 재정 등이 제한적인 단점이 있다. 또한 교사의 자율성, 전문성의 보장과 교육목표, 학생들의 특성 및 수준을 고려한 수업계획, 내용과 방법, 평가방법 등을 조정하는 과정에서 특정 교과에 치중되거나 배제되는 경우가 발생할 수 있다.

따라서 최근에는 국가가 교육과정의 일반적인 지침을 제시하고, 이러한 지침을 지역과 학교의 특수성에 맞게 재개발·운영 및 평가함으로써 교육과정의 균형을 맞추어 가려고 노력하고 있다.

4) 교육과정의 변화

교육과정은 그 시대의 교육이론이나 사회 국가적 요구, 학문적 성격의 변화 등의 여러 요소가 반영되어 변화하고 있다. 이러한 교육과정의 변화와 특징은 다음과 같다.

표 1-7. 중학교 교육과정의 변화와 특징

구분	공포(고시)	특징
제1차 교육과정	1954	• 교과 중심 교육과정 – 교과별 목표와 내용으로 구성 – 반공교육, 도의교육, 실업교육 강조
제2차 교육과정	1963	• 생활(경험) 중심 교육과정 – 자주성, 생산성, 유용성, 합리성, 지역성 강조
제3차 교육과정	1973	• 학문 중심 교육과정 – 지식의 구조, 기본 개념과 원리 중시
제4차 교육과정	1981	• 단일 교육사조와 이론의 지배 탈피 – 개인적, 사회적, 학문적, 적합성의 조화 – 교과, 경험, 학문 중심 교육사조의 균형과 조화

(계속)

구분	공포(고시)	특징
제5차 교육과정	1987	• 홍익인간의 이념 구현 • 체제, 구조의 개선
제6차 교육과정	1992	• 교육과정 편성·운영의 역할 분담 – 교육부: 국가수준의 교육과정 기준 – 시·도 교육청: 지역수준의 교육과정 편성·운영지침 – 학교: 학교수준의 학교교육과정
제7차 교육과정	1997	• 자율과 창의를 바탕으로 한 학생 중심 교육과정 – 국가수준의 공통성과 지역, 학교, 개인수준의 다양성을 동시에 추구하는 교육과정
2007 개정 교육과정	2007	• 재량 활동 운영의 학교 자율권 부여 • 중·고등학교 학기, 학년 집중 이수 허용 조항 신설
2009 개정 교육과정	2009	• 학습의 효율성 제고, 배려와 나눔을 실천하는 창의인재 육성, 학생의 핵심 역량 강화, 교육과정 자율화를 통한 학교의 다양화 유도
2015 개정 교육과정	2015	• 학생이 학습한 것으로 무엇을 할 수 있는가를 '핵심 역량'으로 제시

출처: 교육부(2015), p.259–264

우리나라의 제1차 교육과정은 교과 중심의 교육과정으로 지식체계를 교과내용으로 파악하는 관점이었다면, 제2차는 생활 중심 교육과정, 제3차는 학문 중심 교육과정, 제4차는 인간 중심 교육과정을 표방하였다. 제5차는 교육과정의 편성과 운영방식을 개선하고 효율화하는 것에 초점을 맞추었고, 제6차는 중앙집권형 교육과정을 지방분권형으로 전환하였다. 제7차는 학습자 중심의 교육과정을 표방하면서 활동 중심의 교육과정으로 설계하였다(노명완, 정혜승, 옥현진, 2003). 2007 개정 교육과정에서는 재량 활동 운영의 학교 자율권을 부여하고, 학기, 학년 집중 이수 허용 조항을 신설하였으며, 2009 개정 교육과정은 학교의 자율권을 확대하였고, 2015 개정 교육과정은 인간상의 구체화와 핵심 역량을 제시하여 교육과정의 의미를 보다 체계화하였다(교육부, 2017).

5) 가정과교육과정 관점의 변화

교육과정의 변화와 마찬가지로 가정과교육과정도 다양한 이론적 관점이 적용되어 학문의 구조와 이를 바탕으로 한 내용이 선정되고 조직되어 왔다. 특히, 가정과교육에서 가장 중요한 핵심 용어인 '실천적 학문'에 대한 특성은 2007 개정 교육과정 시기부터 명시되었다. 이는 미국의 가정과교육과정의 변화에 따른 교육과정 이론과 흐름이 비슷하다. 즉, 미국의 가정과교육과정은 1960년대 개념 중심, 1970년대 능력 중심, 1980년대 이후에는 브라운(1978) 등의 실천적 문제 중심으로 교육과정의 관점이 변화했으며(Bobbitt, 1986), 이를 우리나라 교육과정에도 수용한 것으로 볼 수 있다.

특히, 브라운(1980)은 하버마스(1971)의 인식론을 토대로 이러한 가정과교육과정을 관점 A$_{\text{perspective A}}$, 관점 B$_{\text{perspective B}}$, 관점 C$_{\text{perspective C}}$의 세 가지 관점으로 분류하였다. 그리고 각각의 관점이 학습자, 사회, 교과내용, 지식, 교육목표, 교수방법에 대해서 어떠한 가정$_{\text{assumptions}}$을 하고 있는지 제시하였다. 이후 위드$_{\text{Weade}}$(1984)가 각 관점을 기술적 관점, 자아실현 관점, 실천적 추론 관점으로 명명하였다(주수언, 유태명, 2015). 기술적 관점은 자연을 통제하려는 것으로, 주어진 목표의 달성방법에 대한 질문을 통해 경험 분석적 과학으로 학문을 발달시키고, 도구적 행위의 작용 범위에 의해 규정된다(유태명, 1996). 자아실현적 관점은 언어를 통해서 의미를 이해하는 것으로, 인간사회의 의사소통과 상호 주관성의 조건들을 규명하는 것에 관심이 있다. 의사소통적 관심은 어떤 목표를 추구하는가에 대한 질문을 통해 역사 해석적 과학으로 학문을 발전시킨다고 보았다. 실천적 추론 관점 혹은 비판적 관점은 학습자를 독립적으로 비판할 수 있고, 창의적 사고와 사회구성원으로서 책임을 져야 하는 존재로 가정한다. 사회는 사회적 조건과 규범이 인간의 존재를 위하여 건전하거나 그렇지 않아도 된다. 지식은 알아가는 과정과 이미 존재하는 것 모두로 구성하고, 교육목표는 자주적으로 비판하는 사고력과 문제해결과정에서 배운 것들을 일상생활에서 사용할 수 있는 능력을 기르는 데 있다. 교수방법은 학생들의 정신적 성숙을 발달시키기 위해 교과내용을 비판적으로 분석하고 문제해결과정 중에서 민주적인 방법으로 이루어지도록 하였다. 이를 정리하면 다음과 같다.

표 1-8. 브라운의 교육과정 구성요소에 관한 세 가지 관점

관점 요소	기술적 관점	자아실현적 관점	실천적 추론 관점
교육목적	• 학습자의 행동 변화 • 경험적-분석적 탐구방법에 따라 얻은 지식을 일상생활에 적용할 수 있는 것 • 행동적 관점에서 서술	• 우리가 살고 있는 세계에 대한 이해를 넓히려는 것 • 학생들이 사회문화적 배경에 대한 이해를 기초로 하여 서로 함께 대화에 참여할 수 있게 함	• 자주적으로 비판하는 사고력과 문제해결과정에서 배운 것들을 일상생활에서 사용할 수 있는 능력을 기르는 것
지식	• 가치중립적 • 학자들에 의해 축적된 정보에 따라 전개됨 • 보편적이고 쉽게 변하지 않는 것	• 지식은 알려진 것뿐만 아니라 알아가는 과정임 • 모든 지식은 가설적이며, 새로운 정보에 따라 바뀜	• 지식은 신념의 근원을 깨닫고, 그에 따라 행동했을 때의 결과를 이해하는 것 • 사회구성원이 공유하는 의미는 왜곡될 수 있음
교수방법	• 교과내용에 중점 • 수업목표를 달성할 수 있도록 학생활동 구성	• 학생들이 상호 이해에 도달하는 대화에 참여할 수 있는 환경 조성	• 학생들의 정신적 성숙을 발달시키기 위하여 교과내용을 비판적으로 분석하고 문제해결과정 중에서 민주적인 방법으로 이루어짐
평가	• 교육목표가 평가의 준거 • 선다형, 연결 문제, 완성형 문제, 참-거짓 문제 등	• 대화를 통해 문제해결능력 평가 • 문제의 사회문화적 맥락의 이해력 평가	• 사회정의에 입각하여 행동할 수 있는 능력 평가 • 누구의 이익이 만족되는가와 같은 주제를 비판할 수 있는 능력 평가
학습자	• 중립적인 관찰자 역할 • 직업인으로서 적합한 태도와 기술을 개발하는 존재	• 다른 사람들의 가치와 신념에 대해 개방적인 태도를 가짐으로써 자신들의 편견을 깨닫게 됨 • 대화를 통해 끊임없이 그들의 세계를 해석하고 의미를 재구성함	• 독립적으로 비판할 수 있고 창의적으로 사고하며 사회구성원으로서 도덕적인 책임을 져야 하는 존재
사회	• 사회와 문화는 절대적으로 받아들여지고 보호되어야 함	• 상호 이해에 이르는 것은 사회적 삶의 기본임 • 사회적 긴장상태는 의사소통의 실패로 인해 발생함	• 사회와 문화는 인간에 의해 창조되고 발달됨 • 사회의 방향은 이성적인 대중에 의해서 조절될 수 있음

출처: 박명주, 유태명(2001). p.6 ; 주수언, 유태명(2015)

이와 같은 가정과교육과정의 관점은 가정학의 개념들을 중심으로 교과내용을 구성하던 것에서 실천적 문제 중심으로 선정하고 조직하는 것으로 전환되었고, 현재의 교육과정에도 반영되고 있다. 그러나 앞으로 학교교육은 디지털로의 대전환, 기후

환경의 급격한 변화, 학령인구 감소 등에 따라 미래 사회에 적응할 수 있는 역량 함양과 학습자 맞춤형 교육을 강화하기 위한 방향으로 나아가고 있다. 이러한 변화과정에서 가정과교육과정의 목표와 지향점 등에 관한 논의가 더 중요해질 것이다.

5. 2015 및 2022 개정 교육과정

1) 2015 개정 교육과정

(1) 개정 방향

① 2015 개정 교육과정은 모든 학생이 인문·사회·과학기술에 대한 기초 소양을 함양하여 인문학적 상상력과 과학기술 창조력을 갖춘 창의 융합형 인재로 성장할 수 있도록 우리 교육의 근본적인 패러다임을 전환하고자 하는 교육과정이다.

창의 융합형 인재

인문학적 상상력, 과학기술 창조력을 갖추고 바른 인성을 겸비하여 새로운 지식을 창조하고 다양한 지식을 융합하여 새로운 가치를 창출할 수 있는 사람이다.

② 미래 사회가 요구하는 핵심 역량을 기를 수 있는 교과교육과정을 개발하기 위해 교과의 단편 지식보다 핵심 개념과 원리를 제시하고, 학습량을 적정화하여 토의·토론수업, 실험·실습활동 등 학생들이 수업에 직접 참여하면서 역량을 함양할 수 있도록 하였으며, 과정 중심의 평가가 확대되도록 구성하였다.

③ 대학입시 중심으로 운영되어 온 고등학교 문과·이과 이분화와 수능과목 중심의 지식 편식 현상을 개선하기 위해 문과·이과의 구분 없이 인문·사회·과학기술에 관한 기초 소양을 갖출 수 있도록 하고, 진로와 적성에 따라 다양한 선택과목을 이수할 수 있게 하였다.

(2) 인간상

우리나라의 교육은 홍익인간의 이념 아래 모든 국민이 인격을 도야하고, 자주적 생활능력과 민주 시민으로서 필요한 자질을 갖추게 함으로써 인간다운 삶을 영위하게 하고, 민주 국가의 발전과 인류 공영의 이상을 실현하는 데 이바지하게 함을 목적으로 하고 있다. 이러한 교육이념과 교육목적을 바탕으로, 이 교육과정이 추구하는 인간상은 다음과 같다.

① 전인적 성장을 바탕으로 자아정체성을 확립하고 자신의 진로와 삶을 개척하는 자주적인 사람

② 기초능력의 바탕 위에 다양한 발상과 도전으로 새로운 것을 창출하는 창의적인 사람

③ 문화적 소양과 다원적 가치에 대한 이해를 바탕으로 인류문화를 향유하고 발전시키는 교양 있는 사람

④ 공동체 의식을 가지고 세계와 소통하는 민주 시민으로서 배려와 나눔을 실천하는 더불어 사는 사람

(3) 핵심 역량

학생의 삶에서 실질적인 능력을 기를 수 있도록 하기 위해 핵심 역량을 제시하였다. 이 교육과정이 추구하는 인간상을 구현하기 위해 교과교육을 포함한 학교교육의 전 과정을 통해 중점적으로 기르려는 핵심 역량은 다음과 같다.

① 자아정체성과 자신감을 가지고 자신의 삶과 진로에 필요한 기초능력과 자질을 갖추어 자기 주도적으로 살아갈 수 있는 자기관리 역량

② 문제를 합리적으로 해결하기 위하여 다양한 영역의 지식과 정보를 처리하고 활용할 수 있는 지식정보처리 역량

③ 폭넓은 기초 지식을 바탕으로 다양한 전문 분야의 지식, 기술, 경험을 융합적으로 활용하여 새로운 것을 창출하는 창의적 사고 역량

④ 인간에 대한 공감적 이해와 문화적 감수성을 바탕으로 삶의 의미와 가치를 발견하고 향유할 수 있는 심미적 감성 역량

⑤ 다양한 상황에서 자신의 생각과 감정을 효과적으로 표현하고 다른 사람의 의견

을 경청하며 존중하는 의사소통 역량

⑥ 지역·국가·세계 공동체의 구성원에게 요구되는 가치와 태도를 가지고 공동체 발전에 적극적으로 참여하는 공동체 역량

(4) 2015 개정 교과교육과정의 기본 방향 및 문서 체제

① 기본 방향

㉠ 창의 융합형 인재 양성을 위해 교과의 핵심 개념을 중심으로 내용을 선정하되, 교과 간 유사 개념의 연결을 통한 교과 융합 수업 여건이 마련될 수 있도록 교과 공통 핵심 역량과 교과별 핵심 역량을 고려한 교육과정 개발 지침을 마련하였다.

㉡ 교과의 핵심 원리 중심으로 실생활에 활용 가능하고 삶을 성찰할 수 있도록 학습내용을 구성하여 학생이 배움의 즐거움을 경험할 수 있도록 하였다.

㉢ 적은 양을 깊이 있게less is more 가르쳐 학습의 전이를 높이고 심층적인 학습이 이루어지는 학습의 질을 중시하는 교과교육에 관한 국제적인 경향을 반영하여, 교과별로 꼭 배워야 할 핵심 개념과 원리를 중심으로 학습내용을 선별하고 축소하며, 교수·학습 및 평가방법을 개선하여 학생들의 학습 부담을 줄이고 진정한 배움의 즐거움을 느낄 수 있도록 하였다.

현재의 교육		미래의 교육
• **과다한 학습량**으로 진도 맞추기 수업 • 어려운 시험 문제로 수포자 양산, 높은 학업 성취도에 비해 **학습 흥미도 저하** • 지식 암기식 수업으로 **추격형 모방 경제에 적합한 인간**	⇨	• **핵심 개념** 중심의 학습내용 구성 • 진도에 급급하지 않고 학생 **참여 중심 수업을 통한 학습 흥미도 제고** • 창의적 사고과정을 통한 **선도형 창조 경제를 이끌 창의 융합형 인재 양성**

그림 1-3. 교과교육과정의 주요 개정내용

자료: 교육부(2015), 2015 개정 교육과정 총론 및 각론 발표

② 2015 개정 교과교육과정의 문서 체제

2015 개정 교과교육과정의 문서 체제는 **표 1-9**와 같다.

표 1-9. 2015 개정 교과교육과정의 문서 체제

1. 성격	• 교과가 갖는 고유한 특성에 대한 개괄적인 소개 • 교과교육의 필요성 및 역할(본질, 의의 등), 교과 역량 제시
2. 목표	• 교과교육과정이 지향해야 할 방향과 학생이 달성해야 할 학습 도달점 • 교과의 총괄목표, 세부목표, 학교급 및 학년군별 목표 등을 진술
3. 내용 체계 및 성취기준	가. 내용 체계 영역, 핵심 개념, 일반화된 지식, 내용요소, 기능으로 구성 • 영역: 교과의 성격을 가장 잘 나타내주는 최상위의 교과내용 범주 • 핵심 개념: 교과의 기초 개념이나 원리 • 일반화된 지식: 학생들이 해당 영역에서 알아야 할 보편적인 지식 • 내용요소: 학년(군)에서 배워야 할 필수 학습내용 • 기능: 수업 후 학생들이 할 수 있거나 할 수 있기를 기대하는 능력으로 교과 고유의 탐구과정 및 사고 기능 등 포함 나. 성취기준 학생들이 교과를 통해 배워야 할 내용과 이를 통해 수업 후 할 수 있거나 할 수 있기를 기대하는 능력을 결합하여 나타낸 수업활동의 기준 (1) 영역명 (가) 학습요소 성취기준에서 학생들이 배워야 할 학습내용을 핵심어로 제시한 것 (나) 성취기준 해설 제시한 성취기준 중 자세한 해설이 필요한 성취기준에 대한 부연 설명으로, 특별히 강조되어야 할 성취기준을 의미하는 것은 아님 (다) 교수·학습방법 및 유의사항 • 해당 영역의 교수·학습을 위해 제안한 방법과 유의사항 • 학생 참여 중심의 수업 및 유의미한 학습 경험 제공 등을 유도하는 내용 제시
4. 교수·학습 및 평가의 방향	가. 교수·학습 방향 교과의 성격이나 특성에 비추어 포괄적 측면에서 교수·학습의 철학 및 방향, 교수·학습방법 및 유의사항 제시 나. 평가 방향 교과의 성격이나 특성에 비추어 포괄적 측면에서 교과의 평가 철학 및 방향, 평가방법, 유의사항 제시

2) 2022 개정 교육과정

(1) 교육과정 개정의 배경과 구성 중점

① 개정 배경

우리 사회는 새로운 변화와 도전에 직면해 있으며, 이에 대응하기 위해 교육과정을 개정할 필요성이 제기되었다. 교육과정 개정의 주요 배경은 다음과 같다.

㉠ 인공지능 기술 발전에 따른 디지털 전환, 감염병 대유행 및 기후·생태환경 변화, 인구 구조 변화 등에 의해 사회의 불확실성이 증가하고 있다.

㉡ 사회의 복잡성과 다양성이 확대되고 사회적 문제를 해결하기 위한 협력의 필요성이 증가함에 따라 상호 존중과 공동체 의식을 함양하는 것이 더욱 중요해지고 있다.

㉢ 학생 개개인의 특성과 진로에 맞는 학습을 지원해 주는 맞춤형 교육에 대한 요구가 증가하고 있다.

㉣ 교육과정 의사결정과정에 다양한 교육 주체들의 참여를 확대하고 교육과정 자율화 및 분권화를 활성화해야 한다는 요구가 높아지고 있다.

② 교육과정 구성 중점

2022 개정 교육과정은 우리나라 교육과정이 추구해온 교육이념과 인간상을 바탕으로, 미래 사회가 요구하는 핵심 역량을 함양하여 포용성과 창의성을 갖춘 주도적인 사람으로 성장하게 하는 데 중점을 두고 있다. 이를 위한 교육과정 구성의 중점은 다음과 같다.

㉠ 디지털 전환, 기후·생태환경 변화 등에 따른 미래 사회의 불확실성에 능동적으로 대응할 수 있는 능력과 자신의 삶과 학습을 스스로 이끌어가는 주도성을 함양한다.

㉡ 학생 개개인의 인격적 성장을 지원하고, 사회구성원 모두의 행복을 위해 서로 존중하고 배려하며 협력하는 공동체 의식을 함양한다.

㉢ 모든 학생이 학습의 기초인 언어·수리·디지털 기초 소양을 갖출 수 있도록 하여 학교교육과 평생학습에서 학습을 지속할 수 있게 한다.

㉣ 학생들이 자신의 진로와 학습을 주도적으로 설계하고, 적절한 시기에 학습할 수 있도록 학습자 맞춤형 교육과정 체제를 구축한다.

㉤ 교과교육에서 깊이 있는 학습을 통해 역량을 함양할 수 있도록 교과 간 연계와 통합, 학생의 삶과 연계된 학습, 학습에 대한 성찰 등을 강화한다.

㉥ 다양한 학생 참여형 수업을 활성화하고, 문제해결 및 사고의 과정을 중시하는 평가를 통해 학습의 질을 개선한다.

㉦ 교육과정 자율화·분권화를 기반으로 학교, 교사, 학부모, 시·도 교육청, 교육부 등 교육 주체들 간의 협조 체제를 구축하여 학습자의 특성과 학교 여건에 적합한 학습이 이루어질 수 있도록 한다.

(2) 개정 방향

교육환경 변화에 적극적으로 대응하기 위해 국가·사회적 요구를 반영하여 미래 사회가 요구하는 포용성과 창의성을 갖춘 주도적인 사람으로 성장할 수 있도록 교육과정을 개정하였다.

① 미래 사회 변화에 대응할 수 있도록 학습자의 삶과 연계한 깊이 있는 개념적 학습과 탐구능력 함양을 추구하고, 여러 교과를 학습하는 데 기반이 되는 언어, 수리, 디지털 소양 등을 기초 소양으로 강조하고 총론과 교과에 반영하였다. 또한 기후 생태환경 변화 등이 가져오는 지속 가능한 발전 과제에 대한 대응능력 및 공동체적 가치 함양을 추구하는 교육과정이다.

표 1-10. 기초 소양의 종류와 개념

기초 소양	개념
언어 소양	언어를 중심으로 다양한 기호, 양식, 매체 등을 활용한 텍스트를 대상, 목적, 맥락에 맞게 이해하고, 생산·공유·사용하여 문제를 해결하며 공동체 구성원과 소통하고 참여하는 능력
수리 소양	다양한 상황에서 수리적 정보와 표현 및 사고방법을 이해·해석·사용하여 문제해결, 추론, 의사소통하는 능력
디지털 소양	디지털 지식과 기술에 대한 이해와 윤리의식을 바탕으로, 정보를 수집·분석하고 비판적으로 이해·평가하여 새로운 정보와 지식을 생산·활용하는 능력

자료: 교육부(2021), 2022 개정 교육과정 총론 주요 사항

② 학생 스스로 목적의식을 가지고 자신의 진로와 적성을 바탕으로 무엇을 어떻게 배울지 주도적으로 교육과정을 설계·구성할 수 있게 하여 학생의 삶과 성장을 지원하는 학생의 개별 성장 맞춤형 교육과정을 운영한다.

③ 학생의 요구와 학교의 여건을 고려한 학교교육과정의 자율성 확대 및 지역 학교 간 교육격차를 완화하여 책임교육을 구현한다. 또한 평생 학습자로 성장할 수 있도록 자기 주도적 학습능력과 기초학력을 함양할 수 있도록 다양한 교육 주체들의 역할과 전문성을 존중하는 상호 협력체제 구축 및 지역사회와 교육공동체 간 상호 협조체제 마련을 지원한다.

④ 핵심 아이디어 중심으로 학습내용을 엄선하고, 실생활 맥락과 연계한 교수·학습 및 평가를 통해 학생의 자발적 능동적 참여를 강화한다. 또한 디지털·AI 교육환경에 맞는 비대면 원격교육의 확대와 디지털 시대의 교육환경 변화에 부합하는 미래형 교수·학습방법과 평가 체제를 구축하여 온·오프라인 학습, 에듀테크 활용 등 유연한 교육과정 운영을 통해 학습자 개별 맞춤형 지도 및 평가를 강화한다.

(3) 인간상

우리나라의 교육은 홍익인간의 이념 아래 모든 국민으로 하여금 인격을 도야하고, 자주적 생활능력과 민주 시민으로서 필요한 자질을 갖추어 인간다운 삶을 영위하고, 민주 국가의 발전과 인류 공영의 이상을 실현할 수 있도록 함을 목적으로 한다. 이러한 교육이념과 교육목적을 바탕으로, 자기 주도성, 창의와 혁신, 포용성과 시민성 중심으로 2015 교육과정의 인간상을 재구조화하여 다음과 같이 제시하였다.

① 전인적 성장을 바탕으로 자아정체성을 확립하고 자신의 진로와 삶을 스스로 개척하는 자기 주도적인 사람

② 폭넓은 기초능력을 바탕으로 진취적 발상과 도전을 통해 새로운 가치를 창출하는 창의적인 사람

③ 문화적 소양과 다원적 가치에 대한 이해를 바탕으로 인류문화를 향유하고 발전시키는 교양 있는 사람

④ 공동체 의식을 바탕으로 다양성을 이해하고 서로 존중하며 세계와 소통하는 민주시민으로서 배려와 나눔, 협력을 실천하는 더불어 사는 사람

교육과정에서 추구하는 인간상 비교

(2015) 자주적인 사람, 창의적인 사람, 교양 있는 사람, 더불어 사는 사람
(2022) 자기 주도적인 사람, 창의적인 사람, 교양 있는 사람, 더불어 사는 사람

(4) 핵심 역량

2022 개정 교육과정이 추구하는 인간상을 구현하기 위해 교과교육과 창의적 체험활동을 포함한 학교교육 전 과정을 통해 중점적으로 기르려는 핵심 역량은 다음과 같다.

① 자아정체성과 자신감을 가지고 자신의 삶과 진로를 스스로 설계하며 이에 필요한 기초 능력과 자질을 갖추어 자기 주도적으로 살아갈 수 있는 자기관리 역량

② 문제를 합리적으로 해결하기 위하여 다양한 영역의 지식과 정보를 깊이 있게 이해하고 비판적으로 탐구하며 활용할 수 있는 지식정보처리 역량

③ 폭넓은 기초 지식을 바탕으로 다양한 전문 분야의 지식, 기술, 경험을 융합적으로 활용하여 새로운 것을 창출하는 창의적 사고 역량

④ 인간에 대한 공감적 이해와 문화적 감수성을 바탕으로 삶의 의미와 가치를 성찰하고 향유하는 심미적 감성 역량

⑤ 다른 사람의 관점을 존중하고 경청하는 가운데 자신의 생각과 감정을 효과적으로 표현하며 상호 협력적인 관계에서 공동의 목적을 구현하는 협력적 소통 역량

⑥ 지역·국가·세계 공동체의 구성원에게 요구되는 개방적·포용적 가치와 태도로 지속 가능한 인류 공동체 발전에 적극적이고 책임감 있게 참여하는 공동체 역량

교육과정에서 추구하는 핵심 역량 비교

(2015) 자기관리, 지식정보처리, 창의적 사고, 심미적 감성, 의사소통, 공동체 역량
(2022) 자기관리, 지식정보처리, 창의적 사고, 심미적 감성, 협력적 소통, 공동체 역량

(5) 2015 개정 교육과정과 2022 개정 교육과정의 주요 사항 비교

2015 개정 교육과정과 2022 개정 교육과정은 여러 면에서 차이점이 있으며, 주요 사항은 다음과 같다.

표 1-11. 2015 교육과정 대비 2022 개정 교육과정 주요 사항 비교

구분			주요 내용	
			2015 개정	2022 개정
교육과정 개정 방향			• 창의 융합형 인재 양성 • 모든 학생이 인문·사회·과학 기술에 대한 기초 소양 함양 • 학습량 적정화, 교수·학습 및 평가방법 개선을 통한 핵심 역량 함양 교육 • 교육과정과 수능·대입제도 연계, 교원 연수 등 교육 전반 개선	• 포용성과 창의성을 갖춘 주도적인 사람 • 모든 학생이 언어·수리·디지털 소양에 대한 기초 소양 함양 • 학습량 적정화, 교수·학습 및 평가방법 개선을 통한 역량 함양 교육 • 교육과정과 수능·대입제도 연계, 교원 연수 등 교육 전반 개선
공통	공통사항	핵심 역량 반영	• 총론 '추구하는 인간상' 부문에 6개 핵심 역량 제시 • 교과별 교과 역량을 제시하고 역량 함양을 위한 성취기준 개발 ※ 일반화된 지식, 핵심 개념, 내용요소, 기능	• 총론 6개 핵심 역량 개선: 의사소통 역량→ 협력적 소통 역량 • 교과 역량을 목표로 구체화하고 역량 함양을 위한 내용 체계 개선, 핵심 아이디어 중심으로 적정화 ※ (개선) 지식·이해, 과정·기능, 가치·태도
		역량 함양 강화	• 연극교육 활성화 – (초·중) 국어 연극 단원 신설 – (고) '연극' 과목 일반선택으로 개설 • 독서교육 활성화	• 디지털 기초 소양, 자기 주도성, 지속 가능성, 포용성과 시민성, 창의와 혁신 등 미래 사회 요구 역량 지향
		소프트웨어 교육 강화	• (초) 교과(실과) 내용을 SW 기초 소양교육으로 개편 • (중) 과학/기술·가정/정보교과 신설 • (고) '정보' 과목을 심화선택에서 일반선택으로 전환, SW 중심 개편	• 모든 교과교육을 통한 디지털 기초 소양 함양 – (초) 실과 + 학교 자율시간 등을 활용하여 34시간 이상 편성 – (중) 정보과 + 학교 자율시간 등을 활용하여 68시간 이상 편성 – (고) 교과 신설, 다양한 진로 및 융합선택 과목 신설(데이터과학, 소프트웨어와 생활 등)
		안전교육 강화	• 안전교과 또는 단원 신설 – (초1~2) 「안전한 생활」 신설 (64시간) – (초3~고3) 관련 교과에 단원 신설	• 체험·실습형 안전교육으로 개선 – (초1~2) 통합교과 주제와 연계 (64시간) – (초3~고3) 다중밀집도 안전을 포함하여 체험·실습형 교육요소 강화

(계속)

구분			주요 내용	
			2015 개정	2022 개정
공통	공통사항	범교과 학습주제 개선	• 10개 범교과 학습주제로 재구조화	• 10개 범교과 학습주제로 유지 ※ (초·중등교육법 개정) 교육과정 영향을 사전 협의하도록 관련 법 개정
		창의적 체험활동	• 창의적 체험활동 내실화 – 자율활동, 동아리활동, 봉사활동, 진로활동(4개)	• 창의적 체험활동 영역 개선(3개) – 자율·자치활동, 동아리활동, 진로활동 ※ 봉사활동은 동아리활동 영역에 편성되어 있으며, 모든 활동과 연계 가능
총론	고등학교	공통과목 신설 및 이수단위	• 공통과목 및 선택과목으로 구성 • (선택과목) 일반선택과 진로선택 – 진로선택 및 전문교과를 통한 맞춤형 교육, 수월성 교육 실시	• 공통과목 및 선택과목으로 구성 • 선택과목은 일반선택과 진로선택, 융합선택으로 구분 – 다양한 진로선택 및 융합선택과목 재구조화를 통한 맞춤형 교육
		특목고 과목	• 보통교과에서 분리하여 전문교과로 제시	• 전문교과I 보통교과로 통합(학생 선택권 확대), 진로선택과 융합선택으로 구분, 수월성 교육 실시
		편성운영 기준	• 필수 이수단위 94단위, 자율 편성단위 86학점, 총 204단위 • 선택과목의 기본단위 5단위(일반선택 2단위 증감, 진로선택 3단위 증감 가능)	• 필수 이수학점 84학점, 자율 이수학점 90학점, 총 192학점 • 선택과목의 기본학점 4학점(1학점 내 증감 가능)
		특성화고 교육과정	• 총론(보통교과)과 NCS 교과 연계	• 국가직무능력표준 기반 교육과정 분류체계 유지 • 신산업 및 융합기술 분야 인력 양성 수요 반영
	중학교		• 중학교 '교육과정 편성 · 운영의 중점'에 자유학기제 교육과정 운영 지침 제시	• 자유학기제 영역, 시수 적정화 ※ (시수) 170시간→ 102시간 ※ (영역) 4개→ 2개(주제선택, 진로탐색) • 학교 스포츠 클럽활동 시수 적정화 ※ (시수) 136시간→ 102시간
	초등학교		• 주당 1시간 증배, '안전한 생활' 신설 – 창의적 체험활동에서 체험 중심 교육으로 실시 • 초등학교 교육과정과 누리과정의 연계 강화(한글교육 강화)	• 입학 초기 적응활동 개선 – 창의적 체험활동 중심으로 실시 • 기초 문해력 강화, 한글 해득 강화를 위한 국어 34시간 증배 • 누리과정의 연계 강화(즐거운 생활 내 신체활동 강화)

(계속)

구분	주요 내용	
	2015 개정	2022 개정
교과교육과정 개정 방향	• 총론과 교과교육과정의 유기적 연계 강화	• 총론과 교과교육과정의 유기적 연계 강화
	• 교과교육과정 개정 기본 방향 제시 • 핵심 개념 중심의 학습량 적정화 • 핵심 역량 반영 • 학생 참여 중심 교수·학습방법 개선 • 과정 중심 평가 확대	• 교과교육과정 개정 기본 방향 제시 • 핵심 아이디어 중심의 학습량 적정화 • 교과 역량 교과 목표로 구체화 • 학생 참여 중심, 학생 주도형 교수·학습방법 개선(비판적 질문, 글쓰기 등) • 학습의 과정을 중시하는 평가, 개별 맞춤형 피드백 강화

(6) 2022 개정 교과교육과정의 개발 방향 및 문서 체제

① 역량 함양 교과교육과정 개발 방향

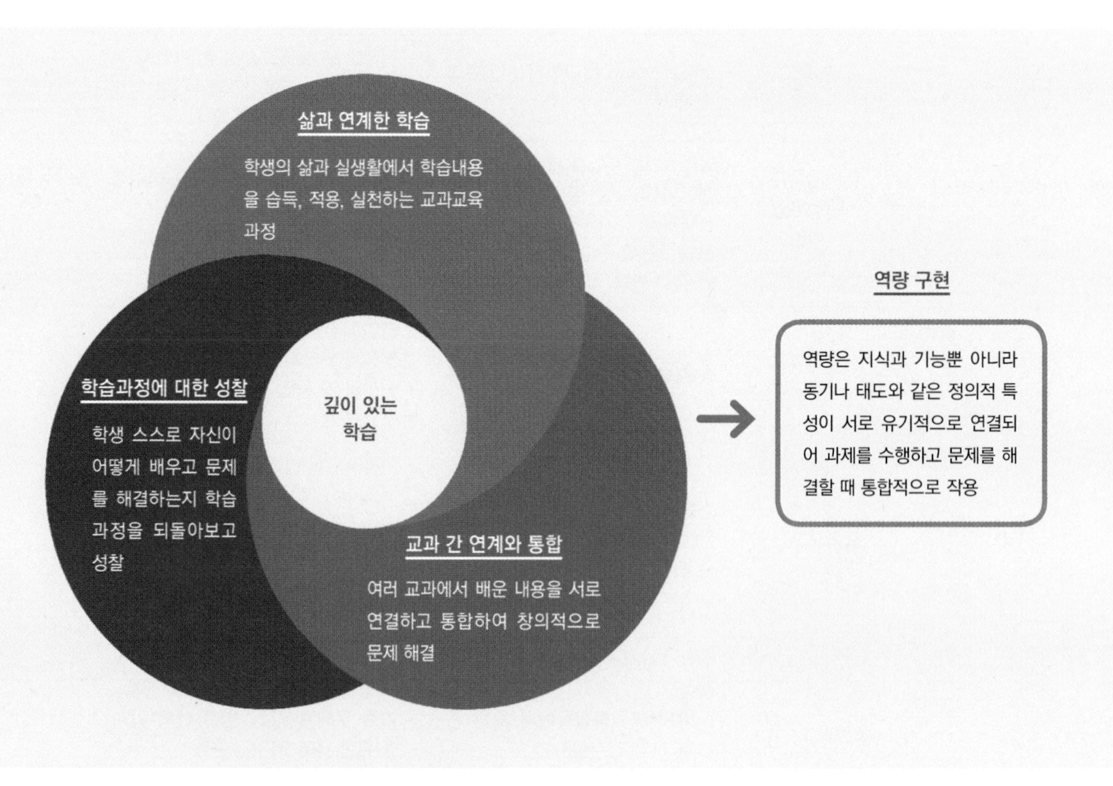

그림 1-4. 역량 함양을 위한 교과교육의 강조점
자료: 교육부(2021), 2022 개정 과육과정 총론 주요 사항

㉠ 교과교육과정 개발의 지향점

- 역량 함양 교과교육과정 개발을 위해 '깊이 있는 학습', '교과 간 연계와 통합', '삶과 연계한 학습', '학습과정에 대한 성찰'을 강조하였다.
- 소수의 핵심 아이디어를 중심으로 학습내용 엄선, 교과 내 영역 간 내용 연계성을 강화하여 교과 고유의 사고와 탐구를 명료화하여 깊이 있는 학습이 가능하도록 하였다.
- 교과목표, 내용 체계, 성취기준, 교수·학습, 평가의 일관성을 강화하였다.
- 학생의 의미 있는 학습경험을 위한 교육과정 자율화의 토대를 제공하고자 하였다.

㉡ 교과교육과정 설계 원리

- 교과의 본질과 얼개를 드러내는 '핵심 아이디어'를 선정한다. 핵심 아이디어는 교과 내 영역 수준에서 설정되는 '핵심'을 드러내는 빅 아이디어로서, 학습자가 사고와 탐구를 통해 습득·구성하고 일반화하여 전이시킬 수 있는 내용을 문장으로 진술하였다.
- 교과내용 체계의 범주를 '지식·이해: 학생이 궁극적으로 이해하고 알아야 할 것', '과정·기능: 교과의 사고 및 탐구과정', '가치·태도: 교과활동을 통해서 기를 수 있는 고유한 가치 및 태도'로 선정하고 조직하였다.

표 1-12. 교과내용 체계의 범주

지식·이해	• 교과학습을 통해 알아야 할 구체적 내용과 그것에 대한 이해의 내용을 포함한다. • 해당 교과 영역에서 알고 이해해야 할 내용요소, 개념, 원리를 진술하되 교과마다 진술방식을 달리할 수 있다.
과정·기능	• 지식을 습득하는 데 활용되는 사고 및 탐구과정, 교과 고유의 절차적 지식 등을 의미한다. • 지식의 이해와 적용을 가능하게 하며, 학습의 결과로 학생들이 교과내용을 활용하여 할 수 있는 구체적인 능력이다. 단, 과정·기능이 교과 역량과 동일한 것은 아니다.
가치·태도	• 교과활동을 통해서 기를 수 있는 고유한 가치 및 태도를 의미한다. • 교과의 학습과정에서 습득되는 교과내용과 관련된 태도와 교과를 학습하여 내면화한 사람이 습득하게 되는 가치를 의미한다.

- 성취기준은 영역별 학습의 결과로 교과교육을 통해 학생들이 갖추기를 기대하는 교과 역량이 교수·학습과정에서 '지식·이해', '과정·기능', '가치·태도'의 요소 간 통합적 작동을 통한 학생의 수행을 보여주는 문장으로 진술하였다.

② 2022 개정 교과교육과정의 문서 체제

2022 개정 교과교육과정의 문서 체제는 **표 1-13**과 같고, 2015 개정 교과교육과정과 2022 개정 교과교육과정의 문서 체제 변화는 **표 1-14**와 같다.

표 1-13. 2022 개정 교과교육과정의 문서 체제

구분	내용
교육과정 설계의 개요	• 교과(목) 교육과정의 설계 방향에 대한 개괄적인 소개 • 교과(목)와 총론의 연계성, 교육과정 구성요소(영역, 핵심 아이디어, 내용요소 등)
1. 성격과 목표	가. 성격 교과(목) 교육의 필요성 및 역할 설명 나. 목표 교과(목)학습을 통해 기르고자 하는 능력과 학습의 도달점을 총괄 목표와 세부 목표로 구분하여 제시
2. 내용 체계 및 성취기준	가. 내용 체계 학습내용의 범위와 수준을 나타냄 • 영역: 교과(목)의 성격에 따라 기반 학문의 하위 영역이나 학습내용을 구성하는 일차 조직자 • 핵심 아이디어: 영역을 아우르면서 해당 영역의 학습을 통해 일반화할 수 있는 내용을 핵심적으로 진술한 것. 이는 해당 영역 학습의 초점을 부여하여 깊이 있는 학습을 가능하게 하는 토대가 됨 • 내용요소: 교과(목)에서 배워야 할 필수 학습내용 – 지식·이해: 교과(목) 및 학년(군)별로 해당 영역에서 알고 이해해야 할 내용 – 과정·기능: 교과 고유의 사고 및 탐구과정 또는 기능 – 가치·태도: 교과활동을 통해 기를 수 있는 고유한 가치와 태도 나. 성취기준 영역별 내용요소(지식·이해, 과정·기능, 가치·태도)를 학습한 결과 학생이 궁극적으로 할 수 있거나 할 수 있기를 기대하는 도달점 • 성취기준 해설: 해당 성취기준의 설정 취지 및 의미, 학습 의도 등 설명 • 성취기준 적용 시 고려사항: 영역 고유의 성격을 고려하여 특별히 강조하거나 중요하게 다루어야 할 교수·학습 및 평가의 주안점, 총론의 주요 사항과 해당 영역의 학습과의 연계 등 설명

(계속)

3. 교수·학습 및 평가	가. 교수·학습 • 교수·학습 방향: 교과(목)의 목표를 달성하기 위한 교수·학습의 원칙과 중점 제시 • 교수·학습방법: 교수·학습의 방향에 따라 교과(목) 수업에서 활용할 수 있는 교수·학습방법이나 유의사항 제시 나. 평가 • 평가 방향: 교과(목)의 목표를 달성하고 학습을 지원하기 위한 평가의 원칙과 중점 제시 • 평가방법: 평가의 방향에 따라 교과(목)의 평가에서 활용할 수 있는 평가방법이나 유의사항 제시

표 1-14. 교과교육과정 문서 체제 변화

2015 개정 교육과정	2022 개정 교육과정	변화사항
	교과교육과정 설계 개요 (교과교육과정 설계의 근거, 일러두기 포함)	신설 (향후 구체적인 샘플을 작성하여 제공 예정)
1. 성격 2. 목표	1. 성격과 목표 가. 성격 나. 목표	통합 수정
3. 내용 체계 및 성취기준 가. 내용 체계 나. 성취기준 (1) 영역명 또는 성취기준 그룹명 성취기준 (가) 학습요소 (나) 성취기준 해설 (다) 교수·학습방법 및 유의사항 (라) 평가방법 및 유의사항	2. 내용 체계 및 성취기준 가. 내용 체계 (1) 영역명 내용 체계표 (2) 영역명 나. 성취기준 (1) 영역명 성취기준 • 성취기준 해설 • 영역 성취기준 적용 시 고려사항 (2) 영역명	• 영역별 내용 체계표 제시 후 영역별 성취기준 제시 • 내용 체계 수정·보완 • 성취기준 제시방식 수정·보완 • 성취기준 해설은 새로 개발되었거나 이해를 돕기 위해 필요한 성취기준만 해설 [영역 성취기준 적용 시 고려사항] • 교수·학습 및 평가 유의사항 용어를 영역 성취기준 적용 시 고려사항으로 수정(관련 예시 포함) • (검토) 고교학점제 관련 미이수 도입에 따른 과목별 최소 성취수준 관련 내용 제시 등 • 필요시 특수교육 및 다문화 학생을 위한 지침 진술
4. 교수·학습 및 평가의 방향 가. 교수·학습 방향 나. 평가 방향	3. 교수·학습 및 평가의 방향 가. 교수·학습 방향 나. 평가 방향	• 학교현장에 필요한 구체적인 교실수업 개선을 위한 지침 • 평가의 경우 평가기준 및 성취수준 등을 고려하여 설정할 수 있도록 지침 마련 • 고교학점제 관련 미이수 도입에 따른 과목별 최소 성취수준 관련 내용 제시 • 평가 구체화 필요

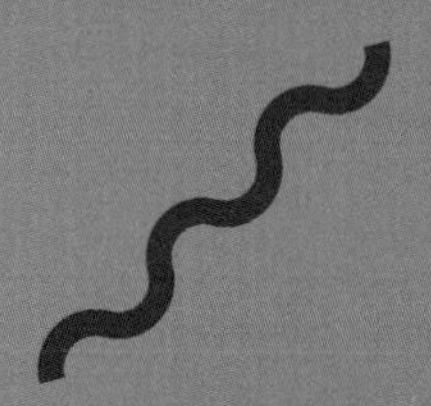

CHAPTER 2

가정과교육의 교수·학습모형 및 실제

●

2장에서는 학생과 학습환경에 교육내용을 효율적으로
전달하기 위한 교수·학습 이론의 실제적 적용을 다룬다.
효율적인 교수·학습활동을 위해 가정과수업에 관련된
기본 개념과 교수와 학습지도에 적용되는 원리들을 습득한다.
또한 수업의 도입·전개·정리 단계에 따른 전략을 효과적으로
활용할 수 있도록 교수·학습과정안을 제시하였다.

1. 가정과교육의 창의적 문제해결법

1) 창의성

(1) 창의성의 개념

창의성의 교육에서 가장 우선적으로 해결해야 할 문제는 창의성의 개념과 그 구성요소 그리고 창의적 사고과정을 어떻게 규정하느냐 하는 것이다. 창의성의 개념은 포괄적이지만 일반적으로 쓰이는 창의성의 정의들을 종합하면 다음과 같은 특성이 있다(이영만 외, 1998).

첫째, 창의성은 새로움 혹은 독창성을 의미한다. 둘째, 적절성과 유용성이 있어야 한다. 셋째, 정신적인 과정이다. 따라서 창의성 교육을 위한 창의성의 개념은 '교과내용과 관련하여 적절성과 유용성을 갖춘 새롭거나 독창적인 산물을 만들어가는 학습자의 정신적 과정'으로 규정할 수 있다(김성준 외, 2010).

(2) 창의성의 구성요소

① 인지적 측면

창의적 사고과정에는 지적(사고) 능력, 지식, 인지(사고)유형 등 다양한 인지적 요소들이 작용한다. 먼저 지적(사고) 능력인 확산적 사고와 수렴적·비판적 사고를 살펴보면 **표 2-1**과 같다.

표 2-1. 확산적 사고와 수렴적·비판적 사고

구분	확산적 사고	수렴적·비판적 사고
의미	새로운 아이디어와 가능성을 많이 생성해내는 사고로, 다양한 아이디어를 많이 생성할수록 더 독창적인 아이디어가 나올 가능성이 커진다.	생성된 아이디어들을 분석·비교·선택하여 문제에 대한 옳은 해결책에 도달하도록 하는 사고로, 확산적 사고과정을 통해 생성된 아이디어 중에 최선의 아이디어를 선택하는 것이다.

확산적 사고가 새로운 아이디어 생성을 위해 필요하다면, 수렴적·비판적 사고는 산출물의 새로움(독특함)과 적절성(유용성)을 판단하거나 평가하고 문제점이나 부족한 점을 발견하여 더 새롭고 더 적절한 아이디어를 생성하는 데 필요하므로, 그 둘은 창의적 과정에서 상보적으로 작용한다.

자료: 조연순 외(2009), 창의성 교육, p.44~47 재구성

② 정의적 측면

동기는 여러 인지적 요소를 사용하게 하는 추진력을 제공하는 중요한 정의적 하위 요소이다. 창의적 성취를 위해서는 외적인 보상보다는 자신이 하는 일 그 자체를 사랑하는 내적 동기 유발이 중요하지만, 자신이 성취한 것에 대한 인정과 보상을 받기를 원하는 외적 동기도 도움이 된다. 또한 여러 분야에서 창의성을 발현하기 위해서는 심미적 특성에 관한 관심, 광범위한 흥미, 과제 집착력, 넘치는 활동 에너지, 판단의 독립성, 자율성, 통찰력, 자신감, 개방성, 인내심, 모험심 등과 같은 성격 특성들이 필요하다(조연순 외, 2009).

③ 환경적 측면

가정과 학교는 창의적인 아이디어를 자극하고, 아동들이 제시한 아이디어를 격려해주며, 창의적인 행동을 적절히 보상함으로써 창의성에 긍정적인 영향을 미친다. 사회도 창의성을 정의·평가·인정하는 역할을 통해 창의성에 영향을 준다. 문화에 따라 창의성의 독창성 측면이 강조되기도 하고, 적절성 측면이 강조되기도 한다(조연순 외, 2009).

창의적인 수행을 위해 인지적·정의적·환경적 측면 요소가 모두 필요하며, 이 요소들이 결합할 때 높은 수준의 창의성을 발휘할 수 있다.

2) 창의적 기법[1]

(1) 확산적 사고의 촉진기법

① 강제열거법: 서로 연관이 없는 아이디어나 사물을 억지로 관련지어 연결하여 독특하고 새로운 아이디어를 생성하는 기법이다.

② 마인드맵: 핵심 개념을 중심으로 자연스럽게 떠오르는 아이디어를 연결하고 효과적으로 기록할 수 있도록 돕는 기법으로, 중심 이미지, 그와 연결되는 주가지(중심선), 부가지(주가지에서 연결된 선)를 통해 아이디어를 시각적으로 기록할 수 있다.

---

1 조연순 외(2009), p.183~209 재구성

③ 브레인라이팅(6.3.5 기법): 개인적으로 아이디어를 기록하도록 함으로써 아이디어가 방해받거나 평가받지 않도록 하는 기법이다. '6명이 참가하여 3개씩 아이디어를 5분 안에 기록한다는 조건을 준다'라는 의미로 '6.3.5 기법'이라고도 불린다. 브레인라이팅은 집단의 아이디어를 기록자가 정리하는 브레인스토밍과 다르게, 각자 정해진 기록지에 본인의 아이디어를 차례대로 기록하여 자신의 아이디어가 다른 사람에게 방해받지 않아 더 자유로운 분위기에서 많은 아이디어가 나올 수 있다.

④ 브레인스토밍: 주제나 문제해결에 필요한 다양한 아이디어를 찾아내는 방법으로, 아이디어의 유창성을 강조하는 기법이다.

브레인스토밍 규칙

❶ **자유로운 분위기(free wheeling):** 아이디어가 비현실적이거나 과하게 느껴지더라도 모든 아이디어를 표현한다.

❷ **판단 금지(deferment of judgment):** 다른 사람의 아이디어를 평가하거나 판단·비판하지 않는다.

❸ **질보다 양(quantity yield quality):** 제한된 시간 동안 가능한 한 많은 아이디어를 낼 수 있도록 하고, 아이디어의 질보다 양을 중시한다.

❹ **결합과 개선(combination and improvement):** 자신의 아이디어를 다른 사람의 아이디어와 결합해서 새로운 아이디어를 만들어내거나 다양한 아이디어를 수정하고 확장한다.

⑤ 속성 열거법: 문제의 속성(특성, 색깔, 형태, 크기 등)을 찾아내고 이를 열거해보면서 각 속성을 새롭게 수정하거나 결합하여 다양한 아이디어를 생성하는 기법이다.

⑥ 시네틱스: 문제를 분석할 때 직접적 유추, 의인적 유추, 상징적 유추, 환상적 유추를 통해 새로운 시각(낯선 것을 친근한 것으로, 친근한 것을 낯선 것으로)을 갖게 하여 현재 상황이나 조건에서 벗어나 창의적인 해결책을 찾게 하는 기법이다.

⑦ 육색 사고모: 여섯 가지의 사고형태를 의미하는 모자를 두고, 자신이 쓰고 있는 모자 색깔이 의미하는 유형의 사고를 하도록 하는 기법이다. 색깔이 똑같은 모자를 여러 번 사용할 수 있으나, 한 번에 하나의 모자를 사용하여 집중할 수 있도록 하고, 긍정적인 사고 후에 비판적인 측면을 제시할 수 있는 모자를 사용할 수 있도록 하는 것이 좋다.

육색 사고모의 의미

❶ **백색 모자:** 중립적 · 객관적 사고

❷ **적색 모자:** 감정이나 정서의 사고

❸ **황색 모자:** 긍정적 · 낙관적 사고

❹ **흑색 모자:** 비판적 · 부정적 사고

❺ **녹색 모자:** 창의적 · 확산적 사고

❻ **청색 모자:** 사회자 사고

⑧ 체크리스트법(SCAMPER): 창의적인 아이디어를 기록할 수 있도록 체크리스트를 간단하게 재구성한 창의적 사고기법으로, 항목별로 생각할 수 있는 사항을 체크하는 방식이다.

SCAMPER의 의미

❶ S(Substitute): 대체하기

❷ C(Combine): 결합하기

❸ A(Adapt): 적용하기

❹ M(Modify–Magnify–Minify): 수정–확대–축소하기

❺ P(Put to other uses): 용도 변경하기

❻ E(Eliminate): 제거하기

❼ R(Rearrange): 재정리하기

⑨ 형태분석법(가능성 격자기법, 행렬기법): 체크리스트법과 속성 열거법을 조합한 것으로, 어떤 문제에 대한 요인을 찾아내고, 각 요인의 속성을 가로축과 세로축에 열거하여 도표를 만들어 새로운 아이디어를 각 칸에 기록해보는 기법이다. 체계적으로 아이디어를 정리할 수 있어 복잡하거나 해결이 어려운 아이디어를 생성하기 좋다.

(2) 수렴적 사고의 촉진기법

① 쌍비교분석법: 아이디어를 서로 비교하여 우선순위가 되는 아이디어를 고르고 상대적인 중요성을 해석하는 기법이다.

② 역브레인스토밍: 브레인스토밍처럼 많은 양의 아이디어를 자유롭게 내는 것은 유사하지만, 이미 생성된 아이디어들을 비판해보게 하는 기법이다.

③ 평가행렬법: 준거(가격, 성능, 디자인 브랜드 등)에 따라 체계적으로 아이디어를 평가하는 기법이며 문제해결단계에서도 활용된다.

④ 하이라이팅: 나열된 아이디어 중에서 중요한 것을 선별하고, 서로 관련된 것끼리 분류하여 새로운 아이디어를 찾고 문제해결 대안을 찾아나가는 기법이다.

3) 창의적 문제해결모형(CPS, Creative Problem Solving)

(1) 배경 및 개념

창의적 문제해결모형의 목적은 과제와 도전을 명확하게 파악하여 아이디어를 자극하는 문제를 서술하고, 문제와 관련된 다양한 아이디어를 생성·분석하여 가능한 해결책을 행동에 옮길 수 있는 구체적이고 자세한 계획을 설계하도록 하는 것이다.

창의적 문제해결과정에서 생성하기와 초점 맞추기 사고를 상호 조화롭게 사용해야 하는데, 여기에서 생성하기$_{\text{generating}}$는 창의적 사고로 문제를 다양한 관점에서 새로운 가능성을 생성하는 것으로, 확산적 사고를 한다. 초점 맞추기$_{\text{focusing}}$는 비판적인 사고로 문제상황에 초점을 맞춰 주의 깊게 가능성을 탐색하고 사고나 행동에 초점을 두는 것으로, 수렴적 사고를 한다.

(2) 적용과정

7단계로 이루어진 CPS 초기 모형은 여러 차례의 수정을 거쳐 최근에는 버전 6.1TM까지 발전되어 4개의 구성요소(도전 이해하기, 아이디어 생성하기, 실행을 위해 준비하기, 접근방법 계획하기)와 8개의 구체적인 단계로 이루어진다.

표 2-2. CPS 모형의 구성요소와 단계

CPS 단계	설명	생성하기(G)와 초점 맞추기(F)		구성요소 4가지	
1단계 기회 구성하기	• 기호와 목적을 광범위하고 간결하게 진술하는 것을 말한다. • 가능한 기회와 도전을 고려하며, 추구해야 할 목적을 확인한다.	G	고려해야 할 가능한 기회, 도전 만들어내기	도전 이해하기 (understanding the challenge)	상황과 과제를 분명하게 하고, 새로운 방향을 자극하는 방법으로 과제와 틀을 맞추어 문제해결의 방향에 관한 생각을 분류하고 초점화할 필요가 있다.
		F	추구해야 할 가장 유망한 기회를 확인하기		
2단계 자료 탐색하기	• 여러 관점에서 많은 자료를 조사하는 것을 말한다. • 과제나 상황의 가장 중요한 요소들에 초점을 맞춰서 상황에 대해 알고 있는 것이 무엇인지, 무엇을 알 필요가 있는지, 알기를 원하는 지를 생각해야 한다.	G	여러 입장의 많은 자료 살펴보기		
		F	가장 핵심적이고 중요한 자료 확인하기		
3단계 문제 구조화 하기	• 문제를 발견하기 위해 많고 다양하며 비범한 방법을 생성하는 것을 말한다. • 하나의 특정한 진술에 초점을 맞춘다.	G	문제를 진술하기 위한 다양하고 독특하고 많은 방법 찾아내기		
		F	특별한 문제 진술을 선택·형성하기		
4단계 아이디어 생성하기	• 많고 새로운 가능성을 찾아내는 것을 말한다. • 브레인스토밍 방법을 활용한다.	G	많고, 다양하고, 독특한 아이디어 생성하기	아이디어 생성하기 (generating ideas)	새롭고 다양하고 특이한 아이디어를 많이 만들어 내기 위해 노력해야 한다.
		F	흥미 있고 잠재력 있는 아이디어 확인하기		
5단계 해결책 개발하기	• 유망한 선택을 분석, 개발, 수정하고 그러한 선택을 전도유망한 해결책으로 바꾸기 위해 전략과 도구를 신중하게 적용한다.	G	유망한 가능성을 조직·분석·정제·강화하기	실행을 위한 준비하기 (preparing for action)	실행 가능한 해결책을 찾아 아이디어를 행동에 옮기는 요소이다.
		F	유망한 해결책을 조합, 평가, 우선순위를 매기고 선택하기		
6단계 수용안 세우기	• 해결책의 성공적 실행에 영향을 줄 수 있는 요인을 찾아내고, 도움이 되는 요인과 방해요인을 고려하여 자원을 찾는 과정을 말한다. • 이 단계에서 가장 중요한 부분은 창의적인 아이디어를 성공적으로 실행하도록 돕는 것이다.	G	'지지와 저항', '실행을 위한 가능한 행동'을 고려하기		
		F	행동을 지지, 실행, 평가하기 위한 특별한 계획을 형식화하기		

(계속)

CPS 단계	설명	생성하기(G)와 초점 맞추기(F)	구성요소 4가지	
7단계 과제 평가하기	과제에 관련된 사람들, 성취하고자 하는 결과들, 과제의 상황이나 맥락을 평가한다.	–	접근방법 계획하기 (planning your approach)	CPS 모형의 중심에 있는 통합적 구성요소로, 사고의 흐름을 관리·수정하는 역할을 한다.
8단계 과정 고안하기	CPS 모형을 사용하기 위한 과정을 구체적으로 계획한다.	–		

자료: 조연순 외(2009), 창의성 교육, p.315~330 재구성

4) 그 외 창의적 문제해결모형

(1) 파네스(Parnes, 1966)의 창의적 문제해결모형

① 특징

파네스는 창의력을 학습될 수 있는 일련의 행동으로 보았다. 창의력은 타고난 고정된 것이 아니며 의도적으로 조작할 수 있고 개발할 수 있기 때문에 모든 인간은 보다 더 창의적이 될 수 있고 삶에 창의력을 적용할 수 있다고 가정하였다(권낙원 외, 2010).

② 절차

파네스는 창의적 문제해결모형으로 5단계를 제시하였다. 각 단계는 다양한 아이디어를 산출하기 위한 확산적 사고단계, 계속적인 탐구를 위해 아이디어를 선택할 수 있는 수렴적 사고단계를 포함하고 있다(권낙원 외, 2010).

표 2-3. 파네스(1966)의 창의적 문제해결모형

단계	설명
1단계 사실 발견	육하원칙(누가, 무엇을, 언제, 어디서, 왜, 어떻게)을 활용하여 문제에 대해 알고 있는 모든 것을 목록화하는 단계이다.
2단계 문제 발견	해결안의 본질인 문제의 정의를 "문제가 되는 것은~"으로 진술하고 목록화하는 단계이다.

(계속)

단계	설명
3단계 아이디어 발견	2단계에서 제시된 문제 정의에 맞는 아이디어를 자유롭게 목록화하는 것으로, 확산적 사고(예 브레인스토밍)가 이루어지는 단계이다.
4단계 해결안 발견	다른 사람의 견해, 시간, 아이디어의 장단점이 고려되며 아이디어를 평가하기 위한 준거가 목록화되는 단계이다.
5단계 수용성 발견	행동으로 옮길 수 있는 가장 좋은 아이디어를 생각하는 단계이다.

자료: 권낙원 외(2010), 현장 교사를 위한 수업 모형, p.92~93 재구성

③ 파네스의 창의적 문제해결모형 관련 가정과 연구

창의성과 관련된 가정교육 프로그램 개발과 적용 연구를 살펴보면 다음과 같다.

박미정(2012)은 문용린·최인수(2010)의 기본안과 2007 개정 실과(기술·가정)교육과정, 최유현 외(2010)의 핵심 역량 증진을 위한 실과(기술·가정)교육과정의 재구조화 방안 속 실과(기술·가정)의 핵심 역량을 참고하여 12가지의 가정과 창의적 요소를 정리하였다.

표 2-4. 가정과의 창의성 요소

창의성	설명
유창성/융통성	다양한 과정에서 새로운 가능성이나 아이디어를 다양하게 생성해내는 사고능력
상상력	이미지나 생각을 정신적으로 조작하고, 마음의 눈으로 사물을 그릴 수 있는 사고능력
유추성	사물이나 현상 또는 복잡한 현상들 사이에서 기능적으로 유사하거나 일치하는 내적 관련성을 알아내는 사고능력
정교성	처음 제안된 아이디어를 다듬어서 더 발전시켜 나가는 능력
논리/분석적 사고	부적절한 것에서 적절한 것을 분리해내고 합리적인 결론을 끌어내는 사고능력
비판적 사고	편견, 불일치, 견해 등을 인식할 수 있는 능력, 객관적이고 타당한 근거에 입각하여 판단하는 사고능력
문제발견능력	새로운 문제를 찾고, 형성하고, 창조하는 것
문제해결능력	문제를 인식하고 현재 상태에서 목표 상태에 도달하기 위해 진행해가는 일련의 복잡한 사고활동
개방성/민감성	다양한 아이디어나 입장을 수용하는 열린 마음

(계속)

창의성	설명
독창성	자기만의 방식으로 현상을 판단하고, 독특한 아이디어를 산출하는 능력
호기심/흥미	주변의 사물이나 현상에 대해 끊임없는 의문과 관심을 갖는 성향
몰입/공감	어떤 일에 시간이 가는 줄 모르고 몰두하게 되는 완벽한 주의집중상태

자료: 박미정 외(2011), 가정교과에서의 창의·인성 수업 모델 개발, 한국가정과교육학회(2010), p.37, 〈표 1〉 가정과의 창의성 요소

유창성, 독창성, 문제해결능력, 시민의식, 환경친화능력을 기르는 데 중심을 둔 창의적 문제해결모형은 **표 2-5**와 같다.

표 2-5. 가정과의 창의적 문제해결모형

학습과정	학습형태	활동내용
문제 인식, 목표 발견	전체 학습, 개별 학습	• 그린스마트 미래 학교 선정에 따라 그린스마트 미래 학교 핵심 요소(그린 학교, 스마트교실, 공간혁신, 학교 복합화, 안전), 필요한 과정을 알아보기 • 학습목표 제시하기
사실 발견	모둠 학습	• '그린스마트스쿨' 사이트를 통해 다른 학교 인사이트 투어(온/오프라인)를 실천하고, 공간 혁신과정 알아보기 **[활동 1] 내가 생각하는 ○○실이란?** • '학교에 있는 교실/특별실 공간 혁신(재구조화)' 마인드맵 그리기 • 모둠별 발표 및 피드백을 통해 다른 모둠의 새로운 아이디어 추가하기
문제 발견	전체 학습	• 주거 공간 디자인 이해(요소, 원리, 실제) 및 미래 학교 핵심 요소를 바탕으로 '현재 사용하는 공간에 문제가 되는 것은~'을 찾고, 주거 '그린스마트 미래 학교 공간' 스케치하기
아이디어 발견, 해결책 발견	개별 학습	**[활동 2] 그린스마트 미래 학교 공간 제안** • 내가 고른 공간(기술가정실, 교실, 자습실, 도서관 등)의 브레인스토밍을 통해 다양한 아이디어 담기 • 내가 고른 공간의 특성을 PMI 기법[2]으로 목록화하여 해결책 발견하기 • 아이디어 목록을 반영하고 공간 디자인 앱을 활용하여 공간 디자인하기
수용안 고려	모둠 학습, 전체 학습	• 갤러리 워크를 통한 다른 친구의 공간 디자인 감상하기 • 같은 실을 맡은 친구들과 모여 평가행렬법으로 공간 디자인 평가하기 • 디자인한 공간의 그린스마트 미래 학교 실용화 방안 고려하기, 모둠별 발표

자료: 박미정 외(2011), 가정교과에서의 창의·인성 수업 모델 개발, 한국가정과교육학회(2010), p.40~41, 〈표 1〉 가정과의 창의성 요소 재구성

2 PMI 기법: 여러 가지 아이디어를 평가하여 하나를 골라내는 방법으로, 각 아이디어에서 좋은 점(Plus), 나쁜 점(Minus), 흥미로운 점(Interest)을 찾아 가장 알맞은 아이디어를 선택한다.

(2) 토렌스(E. Paul Torrance, 1974)의 미래문제해결모형

① 특징

미래문제해결모형(FPSP, Future Problem Solving Program)은 어떤 주제나 문제를 건설적으로 해결하기 위한 방법으로, 오즈번(Osborn, 1953)의 CPS 모형을 수정한 것이다. FPSP는 학생들에게 미래에 대하여(미래주의), 팀으로 협동하여(팀워크), 창의적으로 문제를 해결할 수 있는 창의적 사고의 기능과 태도(창의적 문제해결력)를 가르치는 데 목적이 있다(김영채, 2009).

② 절차

미래문제해결(FPS) 과정은 오즈번의 CPS 단계를 수정한 것이다. '전 단계'에서 교사는 다양한 학습자료와 수업방식을 통해 문제를 제시하고 안내한다. 팀(4~6명)으로 구성된 학생들은 장면 분석을 통해 문제를 해결해나간다. 이 과정은 '도전 확인해내기', '핵심 문제의 선정', '해결 아이디어의 생성', '판단준거의 생성과 선택', '판단준거의 적용', '행위계획의 개발'의 6단계로 이루어진다.

표 2-6. 가정과의 FPSP 창의적 문제해결모형

단계	가정과 적용 학습내용	과정요소
전 단계 주제(단원명)의 연구, 미래 장면 (최소 20년 이후 미래의 어떤 막연하고 복합적인 장면)을 읽고 분석	1. 단원명: Ⅲ. 가정생활 관리와 가족생활 설계 05. 자립적인 노후생활 2. 주제: 고령화와 노후생활 3. 주제에 대해 이미 알고 있는 내용을 중심으로 함께 토의한다. 4. 더 알아봐야 할 내용이 무엇인지 발산적 사고를 통해 정리하고, 어느 것이 더 중요한 것인지 수렴적 사고를 통해 우선순위를 정리한다. 5. 필요한 정보를 수집하고, 정보를 시각화·조직화한다.	문제의 이해
1단계 **도전(문제)** **확인해내기**	1. 미래 문제상황 읽고 분석하기 ① 노인 빈곤 ② 근로 세대 감소 ③ 부양 부담 증가 ④ 복지 지출 증가 2. 미래 문제상황 속 발생 가능한 도전(문제)을 발견하여 8~16개 정도 나열하고 조사한 내용과 연결 지어 중요하다고 생각되는 도전(문제)을 선정한다. 3. 중요한 도전(문제)을 정교한 문장으로 서술한다. ㉮ 고령화가 지속되면 2070년에 한국 인구의 약 절반이 만 65세 이상의 노인이 될 것으로 예상되며, 노년층에 대한 부양 부담 비율이 116.8%로 세계 1위에 달할 것이다. 이러한 상황은 경제활동인구에게 큰 부양 부담을 주며, 세대 간 부담의 갈등을 야기하고, 경제성장률을 급격히 하락시킬 것이다.	

(계속)

단계	가정과 적용 학습내용	과정요소
2단계 핵심 문제의 선정	1. 많은 도전(문제) 속에서 핵심 문제 선택하기 2. 핵심 문제를 FPSP 표준 형식에 따라 한 개의 의문문으로 진술하기 ㉮ 우리가 사는 OO 지역은 2023년 노인인구 비율이 34%에 달하는 소위 소멸 고위험지역인데, 만약 여기에서 2045년 한국 노인의 부양 부담이 전 세계 1등이라고 가정하고, 노인 부양 비율을 줄이기 위해 어떻게 하면 우리 지역사회 취업자 비율을 높이고, 노후 대비 정책계획을 세울 수 있을까?	문제의 이해
3단계 해결 아이디어 의 생성	1. 핵심 문제를 해결할 수 있는 많은 양의 다양하고 독특한 아이디어를 제시한다. 2. 8~16개의 가장 우수한 아이디어를 선정한 후 완전한 문장으로 상세하게 서술한다. ㉮ OO 지역의 취업자 비율을 높이고 노후를 대비할 수 있도록 청년 스마트팜 사업 규모를 늘려 청년 창업을 통한 취업자 비율을 높이고, '멘토-멘티' 프로그램을 통해 농사를 짓는 어르신을 멘토로 활용하여 노후도 대비할 수 있도록 한다.	아이디어 생성
4단계 판단준거의 생성과 선택	1. 핵심 문제를 해결할 수 있는 가능성이 큰 해결책을 선택하는 데 필요한 준거를 만든다. 2. 해결책 중에서 핵심 문제를 판단하는 데 가장 적합한 5개의 준거를 선택한다. 3. 핵심 문제와 관련된 적절한 단어를 사용하여 서술한다. ㉮ 취업자 비율을 높이고 노후 대비도 함께 해야 하므로, 어떤 해결책이 가장 높은 비율로 노인 부양 부담률을 줄일 수 있을까?	
5단계 판단준거의 적용	1. 가장 잠재력이 높아 보이는 해결 아이디어를 원래 제시된 수의 절반만큼 선택한다. 2. 5개의 준거를 통해 해결 아이디어의 순위를 매긴다. 3. 최고의 점수를 받은 최선의 아이디어를 선정한다.	행위를 위한 계획
6단계 행위계획의 개발	1. 최상의 아이디어로 선정된 해결책에 대한 행위계획을 개발한다. 2. '누가, 언제, 어디서, 무엇을, 어떻게, 왜(육하원칙)'를 사용하여 설명한다. 3. 행위계획에 도움이 될 수 있는 것(조력자)과 방해가 될 수 있는 것(저항자)을 예로 들어 논술문 형태로 설명한다.	

자료: 이승해 외(2012). 미래문제해결프로그램(FPSP)을 적용한 친환경 의생활 수업이 창의·인성 함양에 미치는 영향. 한국가정과교육학회지, 24(3). p.148 〈Table 1〉 FPSP의 창의적 문제해결 단계 재구성

2. 가정과교육의 실천적 문제중심수업

전통적으로 사용되는 타일러(Tyler)의 교육과정 개발모형은 어떤 목표가 선택되지 않은 다른 목표와 달리 선택되어야 하는 이유에 대한 고민이 제시되지 않으며, 단순히 의도된 수업목표를 평가하는 데 관심이 있다. 교육과정을 개발하고 전개하는 과정에 필요한 정보와 체계적 단계를 제공해 주지만, 교육과정에서 설정한 목표가 학습자들에게 왜 필요하며, 설정되지 않은 목표에 비해 어떤 점에서 적합한가에 대한 가치 검토는 배제된다. 다시 말해, 교육을 통해 가정과교육과정의 목표가 왜 달성되어야 하는지, 달성될 가치가 있는지, 학습자 자신뿐만 아니라 타인·사회·환경 등에도 가치 있는 것인지에 대한 숙고 없이 이미 설정한 목표를 효율적으로 달성하기 위한 학습경험의 선정과 조직 그리고 평가에만 관심을 둔다.

반면, 라스터Laster의 비판과학적 교육과정 관점은 교육과정 개발단계를 상호 연관되며 계속 진행되는inter-related and on-going process-phases 개념화단계, 개발단계, 실행단계, 평가단계의 네 단계로 제시하며, 교육과정 개발과정은 실천적이며, 무엇을 해야 하는가what to do에 관한 교육과정 질문을 통해 진행된다고 하였다(Laster, 1986).

전통적 교육과정 관점은 가정과교육목표가 왜 가치 있는가, 왜 학생들에게 필요한가 등을 검토하지 않고 목표 달성의 효율성만을 추구하며 학습내용, 활동, 평가 등을 선정하고 이를 목표 달성을 위한 수단으로 활용하였다. 반면, 비판적 교육과정 관점은 교육과정 개발단계에서부터 교육과정 개발자의 철학적 견해를 고려하여 교육과정모형을 결정하고, 무엇이 가치 있는 목표인가, 학습자·지식·사회 등에 대한 가정은 무엇인가 등의 입장을 먼저 결정한다. 또한 이러한 의사결정을 하기 위한 가치와 기준 그리고 그 가치 또는 사고유형으로 실행했을 때의 예측 가능한 결과를 명확히 하는 과정을 강조한다. 따라서 교육과정이나 수업을 개발할 때 교사가 바른 관점을 가지도록 끊임없는 자기 성찰의 과정이 필요하다(유태명 외, 2010).

비판과학적 교육과정 관점에서는 교사가 어떤 철학을 갖고 있느냐에 따라 수업의 목적, 무엇을 가르칠 것인가, 어떻게 가르칠 것인가 등이 달라진다. 전통적 교육과정 관점으로 개발된 수업에서는 학습자는 구체적인 토픽(주제)에 대한 사실정보를 획득하고 기술을 익히거나(능력 형성 중심 접근법), 사고기술을 개발하는 방법을 배우게 된다(개념중심접근법). 반면, 비판과학적 교육과정 관점에서 학생들은 가치, 도덕적 및 윤리적 판단을 요구하는 문제에 대하여 합리적인 사고를 하도록 교육받는다. 이를 통해 당연하게 여긴 문제를 면밀히 검토하고, 성찰적 질문을 통해 다양한 관점에서 생각할 수 있으며, 사회적 행동을 통해 잘못된 환경의 변화를 주도할 수 있는 능력을 함양하게 된다(실천적 문제중심접근법).

따라서 가정과교사는 학습자가 개인과 가족이 일상생활에서 가족은 물론 친구 및 이웃을 비롯한 다양한 수준의 생활환경과 건강한 관계를 형성하여 삶을 주도해 가는 데 필요한 생활역량(교육부, 2022)을 함양할 수 있도록 비판과학적 교육과정 관점으로 교육과정을 설계해야 하며, 이를 위해 실천적 문제중심수업을 활용해야 한다.

1) 배경 및 개념

가정과교육은 실천과학으로서 개인과 가족의 실천적 문제해결에 어떻게 기여할 수 있는지를 중점적으로 다루었다. 가족은 가정교과를 학습하는 개별 학생, 즉 인간이 생애 최초로 소속되는 집단이며, 자신이 속한 사회의 규범, 문화 등을 익히는 장소이다. 가족은 동시에 사회의 구성요소이기도 하므로 개인과 사회의 중간적 위치를 차지한다. 따라서 가족은 개인의 자아 형성self-formation과 사회적 형성social-formation 모두에 중요하므로 가정과교육과정에서 반드시 다루어야 하는 영역이다. 또한 개인과 가족을 둘러싼 사회와 환경은 늘 변화하며 예상하지 못한 상황에 마주할 수 있기에 정형화된 지식과 객관적인 지식만으로는 변화에 대응하기 어렵다. 브라운은 이러한 가정과교육과정의 성격에 적합한 교육내용을 항구적 본질을 갖는 실천적 문제를 중심으로 선정·조직할 것을 제안하고, 실천적 문제의 해결에는 경험·분석과학과 해석과학뿐만 아니라 비판과학의 지식과 방법이 모두 요구된다고 강조하였다(유태명 외, 2010).

실천적 문제는 우리가 매일의 생활에서 직면하여 해결해나가는 삶의 구체적 상황에서의 행동과 관련 있는 문제로, 이론적 질문과 구별되는 실천하는 행동doing과 관련 있는 문제이다. 즉, '어떤 상황에서 나는/우리는 어떤 행동을 해야 하는가what should we do?'를 다루는데, 이때 '어떤 상황'을 고려한다는 것은 결국 문제가 일어난 배경과 맥락에 따라 해결방법도 달라져야 함을 의미한다. '어떤 행동을 해야 하는가?', '어떤 행동이 최선의 행동인가?'의 의미에는 '설정한 가치를 두는 목표valued ends를 위하여 A와 같이 행동하는 것이 B와 같이 행동하는 것보다 더 낫다.'라는 가정이 내재되어 있다. 더 낫다는 잠정적 결론에 도달하기 위해서는 행동의 도덕적 타당성 및 정당성이 고려된 실천적 판단practical judgement이 요구된다. 또한 대안적 행동alternative action을 취했을 때(혹은 어떤 행동을 취하지 않는 것이 최선일 경우 행동을 취하지 않았을 때) 어떠한 파급효과consequence가 나타날 것인가를 잠정적으로 판단하고 최종적으로 상정한 가치를 둔 목표valued ends에 비추어 바람직한가에 대한 추론도 요구된다(유태명 외, 2010).

2) 적용과정

라스터는 실천적 문제의 해결은 학생의 인식과 행동까지 변화시키는 것을 의미한다고 하면서, 실천적 문제해결을 통해 학생의 인식과 행동을 변화시키는 '실천적 추론 수업Practical Action Teaching Method in Home Economics'을 개발하였다. 일상생활에서 접하는 실천적 문제를 해결하는 과정에 중심을 둔 수업방식으로, 실천적 문제에 직면했을 때 최선의 결론을 내리기 위한 사고과정인 실천적 추론을 포함한 문제해결방법이 사용된다(Laster, 1982). 실천적 추론 수업은 **표 2-7**과 같이 문제 확인clarify problem, 실천적 추론practical reasoning, 행동action, 행동에 대한 반성reflection on the action의 4단계로 구성된다.

이 중 실천적 추론은 가장 핵심적인 단계로, 추론을 통해 실천적 문제를 해결하는 비판적 사고방식이다. 이 단계에서는 문제의 맥락이나 상황을 파악함으로써 해당 문제가 관련된 사람들이나 환경에 어떤 영향이 있는지 확인하는 과정을 거쳐 그 문제를 해결하기 위한 전략 및 수단을 모색한다. 이때 신뢰할 만하고, 문제에 타당한 사실정보와 도덕적으로 타당한 가치정보를 충분히 고려해야 한다. 또한 각 대안이 개인, 타인, 사회의 행복에 어떤 영향을 미치는지 파급효과를 고려하여 최종 결정을 내린다(유난숙, 2018).

표 2-7. 실천적 추론 수업과정

단계 1. 문제 확인
• 일반적인 문제를 안내한다. • 문제를 정의한다. • 실천적 문제와 이론적 · 기술적 하위 문제를 구별한다.
단계 2. 실천적 추론
• 가치를 둔 목표를 설정한다(가치를 기반으로 행동의 이유를 식별한다; 가치 충돌 해결). • 문제의 상황적 요소를 해석한다(요소 및 관련된 사람들 관련된 이유를 확인한다). • 목표에 도달하기 위한 대안적 해결 방안 전략목표에 도달하는 수단을 세운다. • 각 대안이 자신과 타인, 사회의 안녕에 어떤 영향을 미칠지를 포함하여 각 대안에 대한 잠재적 또는 예측 가능한 결과를 설명한다. • 가치를 둔 목표와 상황적 요인을 기준으로 하여 결과를 평가한다. • 위의 추론을 바탕으로 결론을 내린다.
단계 3. 행동
• 효과적인 행동을 하기 위해 필요한 기술을 익힌다. • 실제 상황에서 위의 기술을 사용할 수 있도록 한다.
단계 4. 행동에 대한 반성
• 행동을 실행한 후 행동과 실제 결과에 대해 반성한다. • 이러한 결과들을 가치를 둔 목표와 상황적 요인을 바탕으로 평가한다. • 향후 경험과 행동에서 사용할 개념을 형성하고 일반화한다. • 새로운 목표를 설정한다. • 새로운 문제를 정의한다.

자료: Laster, J. F.(1982), A Practical Action Teaching Model. Journal of Home Economics, 74(3), p.41~44

오하이오 주립대학에서는 라스터의 교수모형 중 실천적 추론 부분을 좀 더 세분화하여 실천문제해결과정을 **표 2-8**과 같이 설명한다(성은주, 2001). 실천적 문제들은 그와 같은 해결과정에서 실천적 질문들을 통해서 해결될 수 있다.

표 2-8. 실천문제해결 수업의 사고과정

문제해결과정	실천문제를 통한 사고과정	문제해결을 돕는 질문유형
문제 인식	실천문제는 매우 복잡할 수 있으며, 때때로 그 문제 자체를 인식하는 것이 힘든 문제가 될 수 있다. 각각의 실천문제들은 독특한 상황을 가지며 각 문제의 상황은 해결책에 영향을 줄 수 있다. 이러한 점에서 이 문제가 해결될 때 무슨 일이 일어나기를 바라는지 생각하는 것이 중요하다. 다시 말하자면 '바람직한 결과'를 결정해야 한다.	• 문제가 무엇인가? • 이 문제를 제기하는 것이 왜 중요한가? • 이 문제의 상황은 무엇인가? • 무엇이 이 문제를 야기하였는가? • 누가 관련되는가? • 무엇을 할 것인가를 결정하는 데 이 문제에 대한 어떤 요소가 영향을 미치는가, 어떤 수단을 활용할 수 있는가, 어떤 상황 요인이 상황에 영향을 미치는가? • 문제해결에 대한 여러분의 목표는 무엇인가? • 여러분이 이루려는 최선의 결과는 무엇인가?
문제해결을 위한 정보평가	실천문제의 해결은 실제적 정보와 가치 정보 모두를 요구한다. 실제적 정보는 각각의 선택을 발전시키고 평가하는 데 도움이 될 개념과 지식을 포함한다. 가치 정보는 개인적 가치, 관련된 다른 사람들의 가치 그리고 여러분이 윤리적 선택을 하게 하는 가치 등을 포함한다.	• 어떤 실제적 정보가 필요한가? • 실제적 정보를 어디서 얻을 수 있는가? • 문제상황에 관련되는 여러분의 개인적 가치는 무엇인가, 이러한 가치 중 무엇이 가장 중요한가? • 이 상황에서 관련된 다른 사람들의 가치는 무엇인가? 이러한 가치는 여러분이 무엇을 할 것인가를 선택하는 데 어떻게 영향을 미치는가? • 어떠한 선택이 가장 바람직한 것인가를 여러분이 선택하는 데 사용할 기준은 무엇인가?
선택과 결과 분석	한 가지 실천문제와 관련해서 언제나 한 가지 이상의 선택이 존재한다. 그 문제에 대하여 아무것도 하지 않는 것조차도 선택이 된다. 각각의 선택은 가능한 결과를 수행한다. 그 결과는 자신이나 타인에 대한 결과와 단기결과나 장기결과를 포함한다.	• 어떤 선택이 가능한가? • 각각의 결과에 대한 단기결과와 장기결과는 각각 무엇인가? • 자신, 타인에게 있어서 가장 바람직한 결과는 무엇인가?
최선의 대한 선택	어떠한 대안이 최선인가를 선택하는 것은 가치 정보와 바람직한 결과에 대하여 각각의 대안을 평가하는 것을 의미한다.	• 어떠한 선택이 문제와 관련하여 여러분의 가치나 원하는 결과를 잘 반영한 것인가? • 어떠한 선택이 여러분과 다른 이들에게 가장 긍정적인 결과를 가져오는가? • 어떠한 선택이 이러한 상황에서 최선인가?
행동을 위한 계획 수립	생각했던 결정이 행동으로 이어지기 전까지 문제는 해결되지 않는다. 행동에는 주의 깊은 계획이 필요하다.	• 이 선택을 행하는 데 필요한 기술은 무엇인가? • 이 선택을 행하는 데 필요한 도구는 무엇인가? • 여러분이 행동하는 데 방해요소는 무엇인가, 여러분은 그것을 어떻게 극복할 수 있는가? • 여러분은 해결책에 도달하기 위하여 필요한 다양한 작업을 어떻게 조직할 것인가?

(계속)

문제해결과정	실천문제를 통한 사고과정	문제해결을 돕는 질문유형
행동의 결과 기록	선택의 결과를 평가하는 것은 해결책의 반복과 문제를 해결하면서 배우게 될 것이 무엇인지 결정하는 데 도움이 될 것이다.	• 같은 선택을 반복하겠는가? 이유는 무엇인가? • 여러분은 무엇을 배웠는가? • 이러한 문제해결의 경험이 여러분의 미래의 문제해결에 어떤 영향을 미치겠는가? • 이러한 행동들은 여러분과 다른 이들의 생활에 도움이 되는가? • 여러분의 행동은 윤리적이었는가?

자료: Kister, J., Laurenson, S. & Boggs, H.(1994b), Nutrition and wellness resource guide, p.4~7

오리건주에서 제안한 실천적 추론단계와 추론단계에 따른 질문은 **표 2-9**와 같다. 오리건주에서는 실천적 추론단계를 '기대하는 목표 설정하기 → 문제 맥락 이해하기 → 바람직한 대안 탐색하기 → 행동결과 고려하기'로 제시하였다. 각 단계는 순차적이지 않으며 반복될 수 있다.

표 2-9. 오리건주에서 제안한 실천적 추론단계와 각 단계에 따른 질문

실천적 추론단계	추론단계에 따른 질문
기대하는 목표 설정하기	• 목표는 무엇인가? • 이상적인 상황이나 결과는 무엇인가? • 무엇이 행해져야 할까? • 무엇을 행하는 것이 정당할까?
문제 맥락 이해하기	• 가족과 사회 안에서 문제상황에 영향을 주는 어떤 일이 과거부터 현재까지 일어나고 있는가? • 어떤 사람들이 관련되어 있는가? • 목표를 달성하기 위해 어떤 정보를 고려해야 할까? • 그 정보는 얼마나 신뢰할 만한가? • 어떤 질문을 해야 할까?
바람직한 대안 탐색하기	• 목표를 달성하기 위한 가능한 방법들은 무엇일까? • 가능한 해결책은 무엇일까?
행동결과 고려하기	• 이런 식으로 행동하면 어떤 일이 일어날까? • 가능한 해결책으로 행동했을 때 각각 행동의 긍정적이고 부정적인 파급효과는 무엇인가? • 그런 파급효과가 나에게, 내 가족에게, 지역사회에, 세계에 미치는 영향은 무엇인가? • 모든 사람이 이 방법을 선택한다면 어떤 일이 일어날까?

오리건주의 실천적 추론단계에 맞춰 실천적 문제중심수업의 흐름을 정리하면 다음과 같다(유태명 외, 2010).

① 문제 확인하기: 교사와 학생이 함께 제시된 자료를 통해 '우리가 직면하고 있는 문제(실천적 문제)'가 무엇인지 함께 생각해본다. 이 문제와 관련하여 우리는 어떤 행동을 해야 할까?라고 질문을 제기하며 수업을 시작한다.

② 문제 배경 이해하기: 교사와 학생은 대화를 통해 위 문제와 관련된 사람들의 생각을 알아보며 이 과정에서 고정관념은 없는지, 문제와 관련된 사람들은 문제를 어떻게 생각하고 있는지 등을 검토한다.

③ 문제의 맥락 이해하기: 교사와 학생은 대화를 통해 문제와 관련된 갈등이나 대립되는 생각들은 없는지 검토하고 그 생각이 사람들을 어떻게 행동하게 만드는지 논의한다. 이 과정을 통해 문제의 근원은 무엇인지, 현재에도 이와 같은 행동을 하게 하는 요인은 무엇인지 찾아본다.

④ 기대하는 목표 세우기: 대화를 통해 제시된 상황에서 어떤 관점이 기대하는 가치목표에 이르게 하는지 결정한다.

⑤ 바람직한 대안 탐색하기: 문제의 배경이 되는 생각과 그에 기초해서 행동할 때 어떤 문제가 일어날 수 있는지 검토한 후 대안이 무엇인지 알아낸다. 또한 변화를 꾀할 수 있는 전략을 찾아보고, 각각의 전략으로 행동할 때 생길 수 있는 결과를 미리 생각한다. 이를 기초로 가장 도덕적으로 정당한 전략을 선택한다.

⑥ 행동의 결과 고려하기: 어떻게 이 전략을 실천에 옮길 수 있는지 토의하고, 실천을 위한 계획이나 프로젝트 등을 수행한다.

<table>
<tr><td>대단원명</td><td>인간 발달과 가족</td><td>중단원명</td><td>가족의 의사소통과 갈등 관리</td><td>차시</td><td>1차시</td></tr>
<tr><td>성취기준</td><td colspan="5">[9기가01-06] 가족관계에서 발생하는 갈등의 원인과 배경을 분석하고, 효과적인 의사소통을 통해 가족 간의 갈등 해결방안을 탐색하여 실천한다.</td></tr>
<tr><td>본시 학습목표</td><td colspan="5">• 가족이 마주하는 문제상황의 공통점을 인식할 수 있다.
• 가족 문제의 배경을 다양한 시대적·사회적·문화적 관점에서 파악할 수 있다.
• 모두에게 바람직한 구체적인 갈등 해결방안을 제시할 수 있다.</td></tr>
<tr><td>학습자료</td><td colspan="2">PPT, 영상, 활동지 등</td><td>학습모형
(수업방법)</td><td colspan="2">협동학습[직소(Jigsaw) II 모형]</td></tr>
</table>

<table>
<tr><td colspan="2">학습단계</td><td rowspan="2">교수·학습활동</td></tr>
<tr><td>단계</td><td>실천적 추론단계</td></tr>
<tr><td>도입</td><td>■ 인사 및 주의 환기, 전시 학습 확인
■ 동기 유발 및 생각 열기</td><td>• 세대 간의 갈등에 대해 과거부터 전해오는 말을 함께 확인한 후, 비슷한 이야기를 들은 경험이 있는지 또는 비슷한 생각을 한 경험이 있는지 자유롭게 이야기한다.

1. 기원전 1700년경 수메르 점토판 기록
“요즘 젊은이들은 너무 버릇이 없다.”, “아들아, 도대체 왜 학교를 안 가고 빈둥거리고 있느냐? 제발 철 좀 들어라.”, “왜 그렇게 버릇이 없느냐? 너의 선생님께 존경심을 표하고 항상 인사를 드려라.”
2. 기원전 425년경 소크라테스
“요즘 아이들은 버릇이 없다. 부모와 스승에게 대들고, 음식을 게걸스럽게 먹는다.”
3. 1311년, 알바루스 펠라기우스
“요즘 대학생을 보면 정말 한숨만 나온다. 그들은 선생들 위에 서고 싶어 하고, 선생들의 가르침에 논리가 아닌 그릇된 생각으로 도전하며 강의에는 출석하지만 무언가를 배우려는 의지가 없다. 그들은 그릇된 논리로 자기들 판단에만 의지하려 들며, 자신들의 무지한 영역에 그 잣대를 들이댄다. 그렇게 해서 그들은 오류의 화신이 된다. 또한 어리석게도 자존심 때문에 모르는 것을 질문하는 것을 창피해 한다.”

• 세대 간의 갈등은 오늘날만의 문제가 아니며, 특히 다양한 세대로 이루어진 집단인 가족 안에 갈등의 요소가 잠재하고 있음을 안내한다.</td></tr>
<tr><td>전개</td><td>■ 문제 확인하기</td><td>• 영상 속 상황에 대해 객관적 단어를 사용하여 이야기하고 문제상황을 파악한다.

자료: 유튜브([가족소통 캠페인] 미니드라마 가족톡톡 ep3. 엄마, 내 말 좀 들어줘)
(https://www.youtube.com/watch?v=u79kd-WDxlM)

• 영상을 시청하기 전, 영상에 나타나는 특징에 집중하도록 안내한다.
• 이런 상황에서 우리는 어떻게 해야 할까?</td></tr>
</table>

(계속)

학습단계		교수·학습활동
단계	과정	
전개	■ 문제의 배경과 맥락 이해하기	• 영상이 끝난 후, 영상에 드러난 가족의 문제점을 생각하도록 한다. 이때 교사는 학생들이 영상 속 문제상황을 파악하도록 질문하고 충분히 생각할 시간을 준다. - 영상 속 가족의 특징은 무엇인가요? - 영상 속 가족은 왜 지금 갈등상황에 처했나요? - 각 영상에 드러난 가족구성원 간의 관계는 어떤 것 같나요? - 대화의 흐름 중, 문제가 시작된 부분은 어디인 것 같나요? - 그 부분은 어떻게 바꾸면 문제가 생기지 않고 원만한 대화가 이어질 수 있었을까요? - 이런 대화가 자주 등장한다면 그 이유는 무엇일까요? - 이런 대화가 발생하지 않는 가족이 있다면, 그 가족과 영상 속 가족의 차이는 무엇일까요? • 영상 속 상황과 비슷한 경험을 하거나 들은 적이 있는지 자유롭게 이야기를 나누도록 한다. • 이때 상황에서 공통으로 드러나고 있는 가치관, 개념, 고정관념 등을 발견하였다면 발표하도록 한다. • 문제의 근원적인 원인을 파악하기 위해 우리나라뿐 아니라 다른 나라와 문화권의 유사 사례를 찾아보도록 한다. 또한 과거에도 비슷한 상황이 있었는지 설화, 전래동화 등에서 찾아보도록 한다. - 영화에서 이런 장면을 본 경험이 또 있나요? - 외국 영화에서 이런 갈등이 담긴 대화 장면을 본 적이 있나요? -《홍길동전》같은 고전소설, 전래동화 등에서 비슷한 사례를 본 적이 있나요? - 분명 다른 상황인데도 이렇게 비슷한 문제가 반복되는 이유는 무엇일까요?
	■ 기대하는 목표 세우기	• 대화를 통해 '내가 영상 속 상황에 있다면 상대방이 어떻게 행동해주기를 바라는가?'에 대해 이야기하도록 한다. 그다음 다른 등장인물의 입장이라고 가정하고 다시 '상대방이 어떻게 행동해주기를 바라는가?'에 대해 이야기한다. 이를 통해 어느 한 구성원의 희생이나 불이익 없이, 등장인물 모두에게 이익이 되는 목표를 세우도록 한다.
	■ 바람직한 대안 탐색하기	• 이전 단계에서 파악한 문제의 배경, 맥락을 바탕으로 '기대하는 목표'를 이룰 수 있는 구체적 방안을 탐색한다. 이때 각 대안 실행 시의 결과를 예측하고, 그 결과가 나는 물론 이웃, 사회, 환경 등 모두에게 바람직한지 함께 생각해보도록 한다.
	■ 행동의 결과 고려하기	• 모두에게 바람직하며 실제 생활에서 실천할 수 있는 방안을 제시한다. 이를 위해 추상적이거나 너무 거창하지 않고, 학생들이 실생활에서 바로 실천할 수 있는 목표를 설정한다. 이 목표는 다음 프로젝트와 연계되어 학생들이 실천할 수 있도록 한다.
정리	■ 차시 예고	▶ 다음 차시 예고

대단원명	청소년의 생활 관리	중단원명	청소년의 소비생활	차시	8차시
성취기준	[9기가03-05] 소비자 권리와 역할을 이해하고, 소비생활에서 발생되는 문제상황을 중심으로 해결방안을 탐색하고 책임 있는 소비생활을 실천한다.				
본시 학습목표	• 소비생활과 연관된 환경문제를 인식할 수 있다. • 환경문제가 지속적으로 발생하는 원인을 다양한 시대적·사회적·문화적 관점에서 파악할 수 있다. • 모두에게 바람직한 구체적인 환경문제 해결방안을 제시할 수 있다.				
학습자료	PPT, 영상, 활동지 등	학습모형 (수업방법)	실천적 문제중심수업		

학습단계		교수·학습활동
단계	과정	
도입	■ 인사 및 주의 환기, 전시 학습 확인 ■ 동기 유발 및 생각 열기	• 인간과 환경의 관계에 대한 단편 애니메이션 두 편을 본 후, 자신의 생각을 자유롭게 이야기하도록 한다. • 2012년과 2020년에 제작된 애니메이션의 공통적인 메시지가 무엇인지 이야기하도록 한다. 또한 그 메시지가 현재 해결이 되었는지, 과거에도 존재했는지, 과거에 존재했다면 그 주제가 언제부터 다루어졌는지에 대해 자유롭게 의견을 나누도록 한다. Man(2012, Steve Cutts) 자료: 유튜브(https://www.youtube.com/watch?v=WfGMYdalCIU) Man(2020, Steve Cutts) 자료: 유튜브(https://www.youtube.com/watch?v=DaFRheiGED0) • 환경문제는 오늘날만의 문제가 아니며 과거부터 시작되었으나 현재 우리가 당면한 문제임을 안내한다.
전개	■ 문제 확인하기	• <자료 1>과 <자료 2>를 보고, 각각에 드러난 문제상황을 파악한다. <자료 1> "생수 라벨 없애고, 플라스틱 빨대 줄이고... 편의점 업계, '친환경' 바람" 생수 겉면 라벨을 없애 재활용을 용이하게 하고, 플라스틱 대신 옥수수 소재 빨대를 도입하는 등 편의점 업계에 '친환경' 바람이 불고 있다. 업계에 따르면 편의점 ㅇㅇ은 모든 PB 생수의 패키지를 무라벨 투명 페트병으로 전면 교체하기로 했다. 편의점 관계자는 "이번 무라벨 투명 PB 생수는 고객들이 보다 간편하게 분리수거를 실천할 수 있도록 돕는 한편, 국내에서 수거되는 폐페트병의 재활용률을 높이기 위해 기획됐다."라고 설명했다.

(계속)

학습단계		교수·학습활동
단계	과정	
전개	■ 문제의 배경과 맥락 이해하기	환경부에 따르면 우리나라는 국내에서 2018년 한 해 동안 약 30만 톤의 페페트병이 생산됐음에도 불구하고 일본, 대만 등에서 2만 2,000톤의 페페트병을 수입했다. 국내에서 회수되는 페페트병은 라벨이 제거되어 있지 않아 고품질 원료로 재활용되기 어렵기 때문이다. (후략) 자료: 시사위크(2021. 1. 25.)(https://www.sisaweek.com/news/articleView.html?idxno=141210) <자료 2> "올해 추석부터 사라진 '노랑 뚜껑'... 친환경 소비자가 바꿨다" 통조림 햄 플라스틱 뚜껑, 남은 햄 보관용 아냐. 소비자 '필요 없는 뚜껑, 제조업체에 반납' 운동. 앞서 음료 제품에 딸려 오는 빨대 반납 운동도 [앵커] 추석 때 선물로 많이 주고받는 유명 통조림 햄에 씌워져 있던 노랑 뚜껑, 많이들 아시죠? 올해 추석엔 이 노랑 뚜껑이 잘 보이지 않게 됐는데, 뚜껑 반납 운동 때문이라고 합니다. (후략) 자료: 유튜브(https://www.youtube.com/watch?v=KvZk2VdO5jk) • 두 자료에서 공통적으로 나타나는 문제점은 무엇인지 의견을 이야기하도록 한다. 이때 동기 유발 영상을 언급하며 자원 순환, 환경 낭비 등 학생들이 지속 가능성의 관점에서 문제를 발견할 수 있도록 안내한다. • 두 자료의 문제해결과정에서 나타난 차이점이 무엇인지 이야기하도록 한다. 이 과정에서 기업의 행동 변화를 촉구하는 개별 소비자의 행동이 어떻게 드러나 있는지에 관심을 두도록 안내한다. • 일상에서 두 자료와 같은 문제를 경험한 적은 없는지 학생들이 자신의 하루를 되돌아보고 모둠별로 의견을 나누도록 한다. • '내가 경험한 비슷한 문제점은?', '이런 상황에서 우리는 어떻게 해야 할까?'를 생각하며 모둠별로 주제를 선정한다. • 모둠별로 선정한 주제에 대해 자료조사를 실시한다. 이때 교사는 모둠별로 선정한 문제상황을 학생들이 파악하고 배경을 이해할 수 있도록 지도한다. - 선정한 환경문제의 특징은 무엇인가요? - 선정한 환경문제는 왜 현대 사회에 문제가 되었나요? - 그러한 문제를 해결하기 위해 필요한 것은 무엇일까요? - 그 문제를 한 번에 해결할 수 있는 방법이 있을까요? - 문제를 해결하기 위해 개인이 할 수 있는 것이 있을까요? - 문제해결과정에서 경제적·사회적 이익을 잃는 사람이나 단체는 없나요? 그들의 반발은 어떻게 다뤄야 할까요? - 이런 문제가 발생하지 않은 물건, 기업, 국가가 있다면, 그것의 다른 점은 무엇일까요? - 이 문제가 지속된다면 우리의 삶은 어떻게 바뀔까요? • 주제 속 문제상황과 비슷한 경험을 하거나 들은 적이 있는지 자유롭게 이야기를 나누도록 한다. • 이때 상황에서 공통적으로 드러나고 있는 가치관, 개념, 고정관념 등을 발견하였다면 발표하도록 한다.

(계속)

<table>
<tr><th colspan="2">학습단계</th><th rowspan="2"></th></tr>
<tr><th>단계</th><th>과정</th></tr>
<tr><td>전개</td><td></td><td>

• 문제의 근원적인 원인을 파악하기 위해 우리나라뿐 아니라 다른 나라와 문화권의 유사 사례를 찾아보도록 한다. 또한 과거에도 비슷한 상황이 있었는지 찾아보도록 한다.

- 외국기업에서는 이러한 문제를 어떻게 해결하고 있나요?
- 다른 기업에서도 비슷한 문제가 발생하고 있나요?
- 과거에는 이런 문제가 있었나요? 있었다면 언제부터 등장했나요?
- 분명 다른 상황인데도 이렇게 비슷한 문제가 반복되는 이유는 무엇일까요?

• 모둠별 활동내용을 활동지에 정리한다.

<활동지>

<table>
<tr><td>학번</td><td></td><td>이름</td><td></td><td>모둠</td><td></td><td>캠페인 날짜</td><td></td></tr>
<tr><td>최종 주제</td><td colspan="7">※ 주제는 동사형으로 작성하며, 주제에는 '무엇을', '어떻게' 할 것이며 그 '목적'은 무엇인지가 들어가야 한다.</td></tr>
<tr><td colspan="8">구체적인 내용 알아보기 – 객관적인 자료 사용, 출처 적기</td></tr>
<tr><td colspan="8">1) 주제에 대한 이론적인 내용, 설명</td></tr>
<tr><td colspan="8"></td></tr>
<tr><td colspan="8">2) 문제의 현황, 실태, 현재 상황 등</td></tr>
<tr><td colspan="8"></td></tr>
<tr><td colspan="8">3) 문제의 원인</td></tr>
<tr><td colspan="8"></td></tr>
<tr><td colspan="8">4) 이 상황이 지속되면 발생할 수 있는 문제점</td></tr>
<tr><td colspan="8"></td></tr>
<tr><td colspan="8">5) 해결방법, 우리가 할 수 있는 것은?</td></tr>
<tr><td colspan="8"></td></tr>
<tr><td colspan="8">우리 모둠의 캠페인 / 활동 진행 방향</td></tr>
<tr><td colspan="8"></td></tr>
</table>

</td></tr>
</table>

(계속)

<table>
<tr><th colspan="2">학습단계</th><th rowspan="2">교수·학습활동</th></tr>
<tr><th>단계</th><th>과정</th></tr>
<tr><td rowspan="3">전개</td><td>■ 기대하는 목표 세우기</td><td>• 모둠별 논의를 통해 '선정한 문제상황을 위해 행동을 변화해야 할 주체'를 선정하고 '각 주체가 변화해야 할 바람직한 행동'을 선정하도록 한다.
• 이때 어느 한 주체의 일방적인 희생이나 불이익 없이, 최대한 모두에게 이익이 되는 목표를 세우도록 하며 이때의 '이익이 되는'은 단순히 경제적 이득에 국한된 것이 아님을 안내한다.</td></tr>
<tr><td>■ 바람직한 대안 탐색하기</td><td>• 이전 단계에서 파악한 문제의 배경, 맥락을 바탕으로 '기대하는 목표'를 이룰 수 있는 구체적 방안을 탐색한다. 이때 각 대안 실행 시 결과를 예측하고 그 결과가 자신은 물론 이웃, 사회, 환경 등 모두에게 바람직한지 함께 생각해보도록 한다.
• 학생의 입장에서 취할 수 있는 구체적인 대안을 제시하고, 실천할 수 있도록 계획을 세운다.
• 모둠계획을 활동지에 정리한다.

<활동지>
<table>
<tr><th>모둠</th><td></td><th>주제</th><td></td><th>작성일</th><td></td></tr>
<tr><th rowspan="5">준비 계획</th><td colspan="5">• 5주 차:</td></tr>
<tr><td colspan="5">• 6주 차:</td></tr>
<tr><td colspan="5">• 7주 차:</td></tr>
<tr><td colspan="5">• 8주 차:</td></tr>
<tr><td colspan="5">활동 - □ 아침 등교시간 교문에서 □ 점심시간에 ____________에서</td></tr>
<tr><th>준비할 캠페인 물품</th><td colspan="5">□ 피켓:
• 장수:
• 내용:
□ 기타:</td></tr>
<tr><th colspan="6">활동의 흐름도</th></tr>
<tr><td colspan="2">① 캠페인 전에 할 일
예 사전조사해야 할 내용은? 실태조사처럼 미리 준비해야 할 것은? 등</td><td colspan="2">② 캠페인 주 활동내용
예 피켓을 제작해서 내용을 알린다. 설문조사를 통해 학생들의 인식을 조사한다. 서명을 받아 우리의 의견에 힘을 보탠다 등</td><td colspan="2">③ 캠페인 이후 진행사항
예 수합된 서명을 기업에 제출한다. 수합된 의견을 포스터로 만들어 각 반에 붙인다 등</td></tr>
<tr><td colspan="2"></td><td colspan="2"></td><td colspan="2"></td></tr>
</table></td></tr>
<tr><td>■ 행동의 결과 고려하기</td><td>• 모두에게 바람직하며 실제 생활에서 실천할 수 있는 방안을 제시한다. 이를 위해 추상적이거나 너무 거창하지 않고, 학생들이 실생활에서 바로 실천할 수 있는 목표를 설정한다. 이 목표는 다음 프로젝트와 연계되어 학생들이 실천할 수 있도록 한다.</td></tr>
<tr><td>정리</td><td>■ 차시 예고</td><td>▶ 다음 차시 예고</td></tr>
</table>

3. 가정과교육의 PBL

우리는 삶의 거의 모든 맥락에서 해결을 요구하는 문제에 맞닥뜨린다. 일상에서 직면하는 문제는 대부분 교과서의 한 단원을 끝내면 풀게 되는 단원 마무리처럼 정구조 문제well-structured problems가 아니라 비구조적이며, 가능한 해결안이 많이 있을 수도 있고, 알려진 해결방법이 없거나, 문제해결의 성공기준이 명확하지 않을 때도 있다. 우리는 삶의 문제 대부분에 대해 정답이 무엇인지 사실 모른다. 세상은 더 복잡하고 역동적으로 변화하기 때문에 문제해결의 중요성은 더 커지고 있다(Jonassen, 2009).

PBL은 이러한 삶의 문제를 해결할 수 있는 역량을 키우기 위한 교수·학습 설계 방법으로, 문제해결 기능과 내용을 가르치고 자기 주도적인 학습을 발달시키기 위해 만들어진 교수전략이다. PBL은 학생들의 조사와 탐구를 위해 하나의 문제를 이용한다(Krajcik et al., 1994; Eggen & Kauchak, 2006 재인용). PBL은 문제해결, 탐구, 프로젝트 중심 교수법, 사례 중심 수업 및 정착수업anchored instruction 등을 모두 포함하는 교수전략이다(Eggen & Kauchak, 2006).

PBL은 다양한 의미를 가진다. 문제기반학습Problem Based Learning, 프로젝트 기반학습Project Based Learning 그리고 확장된 형태로 장소기반학습Place Based Learning을 뜻하기도 하며 디자인 챌린지Design Challenges 등의 다양한 프로젝트 수업의 형태로 활용되기도 한다(벅교육협회, 2021). PBL의 특징은 모두 '실제 문제authentic problem'를 중심으로 학습이 진행된다는 점이다. 여기서는 주로 문제기반학습Problem Based Learning과 프로젝트 기반학습Project Based Learning을 중심으로 다루고자 한다.

1) PBL에서의 문제와 문제의 다양성

문제란 어떤 맥락(목표상태와 현 상태 사이의 차이) 안에 있는 미지의 실재unknown entity이며, 그것을 발견하거나 해결하는 것이 사회적·문화적 혹은 지적 가치가 있는 것이다. 만일 아무도 미지의 실재를 인식하지 못하거나 해결의 필요성을 느끼지 못한다면 문제는 존재하지 않는다. 문제에는 다양하고 많은 속성이 있지만, 지적인 측면에서 네 가지 방식의 다양성을 가진다(**표 2-10**).

표 2-10. 문제의 다양성

<table>
<tr><th colspan="2">구조성</th><th>복잡성</th></tr>
<tr><th>정구조 문제</th><th>비구조 문제</th><td rowspan="4">• 문제의 복잡성을 결정하는 요인
– 문제에 수반되는 이슈나 기능 혹은 변수의 수
– 변수 간의 연결성의 정도
– 그 속성 간의 기능적 관계의 유형
– 시간이 흘러도 변하지 않는 그 문제의 속성 간 안정성 등
• 이러한 요소들이 문제에 얼마나 많이, 확실히 그리고 신뢰성 있게 표현되어 있는지와도 관련이 있음
• 문제가 복잡할수록 간단한 문제보다 인지작용을 더 많이 수반하기 때문에 문제의 난이도는 대체로 복잡성과 관련이 있음</td></tr>
<tr><td colspan="2">강함 ← 구조화 정도 → 약함</td></tr>
<tr><td>• 학교 시험 문제: 제한된 영역 내에서 공부하는 한정된 수의 개념과 규칙, 원리의 적용. 문제의 모든 요소를 학습자에게 제공하며 알기 쉽고 이해할 수 있는 해결안을 가지고 있음</td><td>• 일상과 직장 업무에서 자주 만나는 문제: 해결안은 예상할 수 있는 것도 아니고 수렴적인 것도 아님. 간학문적 성격 때문에 어느 한 영역의 개념과 원칙 적용으로 해결 불가능. 해결안이 여러 개이거나 없는 경우도 있음</td></tr>
<tr><td colspan="2">• 비구조 문제를 해결하는 데는 메타인지와 논쟁 같은 기술이 더 필요하고, 대안적 해결안의 생성과 지지가 중요함.</td></tr>
<tr><th colspan="2">역동성(안정적 측면)</th><th>영역(맥락) 특수성(또는 추상성)</th></tr>
<tr><td colspan="2">• 문제가 복잡할수록 더 역동적인 경향을 띰
• 시간이 흘러가면서 과제의 환경과 요인 변화
㉔ 주식 투자: 수요, 배당률, 신용과 같은 시장 조건이 단기간에 급격히 변하기 어려운 문제
• 정구조 문제는 상당히 안정적인 경향이 있음</td><td>• 문제해결활동은 상황·맥락적이어서 문제 맥락의 본질이나 영역 지식에 의존함
• 문제는 상이한 조직구조와 문화, 사회적 관계를 가짐
㉔ 수학자, 공학자, 정치학자는 각각 다르게 문제를 해결함
• 조직의 맥락에 따라 문제가 다르게 해결됨
㉔ 중학교와 고등학교에서 발생하는 문제는 각기 다른 방식으로 해결될 수 있음</td></tr>
</table>

자료: David H. Jonassen(2009), 문제해결 학습 교수설계가이드, p.39~44 재구성

문제의 다양성 중 복잡성과 구조성은 서로 중복되는 부분이 있다. 비구조 문제는 대체로 더 복잡한 경향이 있지만, 어떤 정구조 문제(㉔ 비디오 게임)는 지극히 복잡하며 어떤 비구조 문제는 누군가에게는 매우 간단하다(㉔ 상황에 적합한 옷 입기). 비구조 문제는 역동적인 반면, 정구조 문제는 상당히 안정적인 경향이 있다. 어느 한 영역(맥락)의 문제는 그들의 구조성, 복잡성 및 역동성의 관점에서 다양하지만, 영역·맥락·문제유형 중 어떤 것이 더 많이 영향을 미치는지는 알려지지 않았다.

2) PBL의 특징과 목표

PBL의 대표적인 종류에는 문제해결모형, 사례 분석, 탐구모형(실험·실습) 등이 있으며, PBL 전략의 공통적인 특징은 다음과 같다(Eggen & Kauchak, 2006).

(1) PBL 전략의 공통 특징

문제중심학습의 공통된 특징은 '문제', '학생,' '교사'이다. 첫째, 문제중심학습은 문제로 시작한다. 문제는 하나의 정확한 답을 구하는 것이 아닌 비구조화되고 복잡한 것이어야 한다. 둘째, 학생 중심이다. 학생은 문제해결자로 학습에 참여하여 좋은 해결책을 위해 필요한 많은 정보와 지식을 직접 다루면서 의미와 이해를 추구하고 학습에 대한 책임을 맡는다. 셋째, 교사의 역할은 지식 전달자에서 학습 촉진자로 전환된다. 교사는 교육과정 설계자로서 문제를 설계하고, 학습계획을 세우며, 학습자 집단을 조직하고, 평가를 준비한다. 또한 촉진자로서 학생들에게 적당한 긴장감을 제공하고, 안내자로서 학생들에게 일반적인 관점을 제공하기도 하고, 평가자로서 형성평가를 통해 피드백을 제공한다. 그리고 전문가로서 지식의 중요성을 밝혀 학생들이 균형을 유지할 수 있도록 하고, 명제적 지식과 과정적 지식 그리고 개인적 지식 간에 상호 연관성을 갖도록 지원한다.

(2) PBL의 목표

PBL은 상호 연관된 세 가지 목표를 가지고 있다(Eggen & Kauchak, 2006).

① 탐구능력 개발

학생들의 이해력과 함께 질문이나 문제를 체계적으로 탐구하는 능력을 개발하는 것이다. 구조화된 문제중심활동을 경험함으로써, 학생들은 비슷한 문제를 포괄적이고 체계적인 방법으로 해결할 수 있다.

② 자기 주도적인 학습 개발

자기 주도적인 학습은 학생들이 자신의 학습성과를 알고 그것을 조절할 때 개발된다. 자기 주도적인 학습은 초인지(메타인지) 중 하나로, 우리가 알아야 할 것을 알고, 우리가 알고 있는 것과 모르고 있는 것을 알고, 아는 것과 모르는 것의 간격을 이어주는 전략을 고안하는 것을 모두 포함한다.

이 과정에서 교사는 학생들이 무엇을 알고 있는지, 어떤 부가정보가 필요한지, 정보는 어디서 찾을 수 있는지 질문하며 학생을 도울 수 있다.

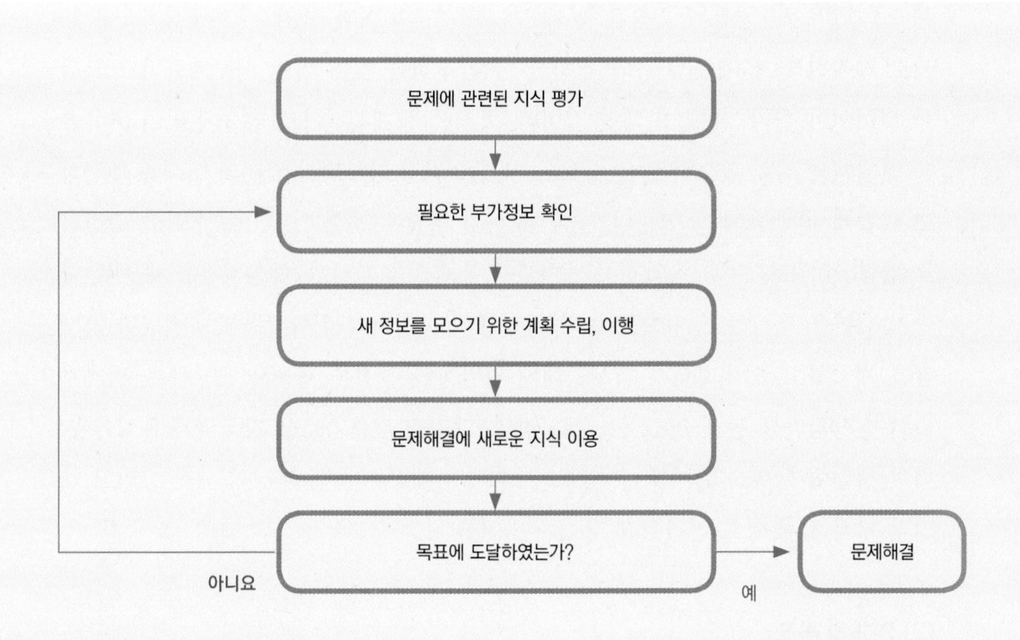

그림 2-1. 자기 주도적인 학습모형

자료: Hmelo & Lin, 1998; Eggen & Kauchak, 2006:307 재인용

③ 내용 획득

PBL에서 교사와 학생들 모두 탐구가 어디로 진행될지 정확히 예측할 수 없기 때문에 학생들이 배우는 내용이 대부분 함축적이고 우연적이다. 이 때문에 문제중심전략은 강의, 토론 등의 교사중심수업전략보다는 내용학습이 덜 효과적이다. 그러나 문제중심방법으로 학습된 정보가 더 오랫동안 지속되고 훨씬 잘 전이된다는 연구도 있다(Duffy & Cunningham, 1996 ; Sternberg, 1998; Eggen & Kauchak, 2006 재인용).

3) 학교에서의 PBL

현재 학교에서 활용하는 PBL은 의과대학 학생들이 오랫동안 교육을 받으면서도 인턴이 되어서 실제 환자들을 진찰하고 진단하는 데 어려움을 겪는 것을 보고, 이러한 문제를 해결하기 위해 고안된 학습방법이다(Barrows, 1985; 김진영 외, 2023 재인용). 1960년대 캐나다 맥마스터 대학의 의과대학 교수들은 기존 교육과정의 지식 암기를 넘어 성공한 의사들이 갖춘 지식, 역량, 성향 등을 가르치기 위한 새로운 교수법을 개발하였다. 이들이 개발한 문제기반학습Problem Based Learning은 즉시 다른 대학 및 기관에서 채택되었고, 이후 50년 동안 다른 기관들로 확산되었다.

오늘날 PBL은 예일, 하버드, 캘리포니아 대학을 비롯한 거의 모든 의과대학에서 공인된 교육방법이며(Camp, 1996 ; Larmer et al., 2017 재인용), 건축, 경영, 교육, 사회복지, 법, 공학 등 다른 분야의 전문 직업 훈련 프로그램에서도 많이 활용되고 있다(Mergendoller et al., 2006 ; Larmer et al., 2017 재인용). 그러나 동기, 지적 능력, 사전 지식, 자기관리능력 면에서 매우 우수하고 동질성을 띠며 자발성을 바탕으로 하는 선발집단의 PBL 수업과는 달리, 학교 PBL 수업의 학습효과는 들쑥날쑥했고, 특히 기초지식과 기능 습득의 효과가 매우 낮았다(Hatti & Donoghue, 2016). 이러한 학생들과의 수업에서 교사의 역할과 경험은 초·중등교사의 경험과 다르다(Maxwell et al., 2001; Larmer et al., 2017 재인용).

문제중심학습은 일상에서 일어나는 일들이 비구조적인 문제라는 점에 주목하고 실제 수업에서도 실제적이고 비구조화된 문제를 제시함으로써 학생들이 다양한 해결방안을 제안해 보는 학습경험을 하는 것이 중요하다고 본다. 문제중심학습은 학습자들이 비구조적이고 실제적인 문제를 접하면서 학습자들끼리 자기 주도적으로 문제해결과정을 수행하도록 지원하는 수업방법이다.

4) PBL 모형

(1) PBL의 진행단계

PBL은 교사들이 학생들에게 체험적인 학습경험을 통해서 문제를 해결하도록 돕는

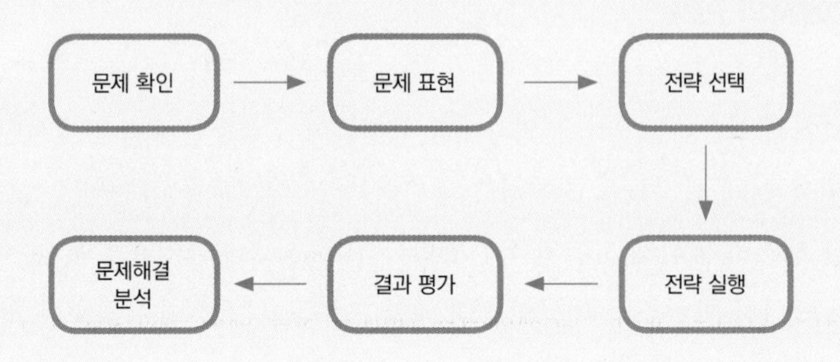

그림 2-2. PBL 모형

자료: Paul D. Eggen, Donald P. Kauchak(2006), p.314

하나의 문제해결전략이다. 이 모형은 **그림 2-2**와 같은 여섯 단계로 이루어진다.

① 문제 확인

우리가 일상생활에서 마주하는 대부분의 문제들은 분명하게 정의되어 있지 않다. 이러한 문제들을 다루는 방법을 가르치는 가장 좋은 방법은, 문제가 무엇인지 정확히 정의하는 활동을 포함하여 많은 연습을 시키는 것이다.

② 문제 표현

교사는 문제의 정의 단계와 전략 선택 단계 사이의 개념적인 간격을 메워주는 전략을 제공하도록 한다. 이 단계에서 학생들은 문제를 그림으로 나타내보거나, 알고 있는 내용과 모르는 내용들을 목록화해 보는 활동을 할 수 있다.

③ 전략 선택

학생들이 문제에 대한 적당한 전략을 선택하는 데 다양한 대안적 해결을 생각하는 단계이다. 교사는 궁극적인 목표를 확인하고 하위단계 활동을 하도록 돕거나 문제를 유추할 수 있도록 상기시키는 질문을 할 수 있다.

④ 전략 실행

이 단계는 학생들이 사고의 질을 실험해보고 현실에 적용하는 활동이다.

⑤ 결과 평가

이 단계에서 교사들은 학생들이 이끌어낸 해결책의 타당성을 판단한다.

⑥ 문제해결 분석

마지막 단계는 학생들이 문제해결자로서 자신의 생각을 좀 더 지각할 수 있도록 도와주기 위한 단계로, 교사는 문제해결에 대해 무엇을 배웠는지 질문할 수 있다. 학생들은 모든 문제는 하나 이상의 해결법을 가질 수 있다는 것, 문제해결은 조직적으로 실행될 수 있으며 어려운 작업이라는 것을 배울 수 있다.

(2) PBL의 절차

PBL의 문제해결 단계에 대해 유승우 외(2018)는 PBL의 단계를 다음과 같이 나누고 주요 활동을 제시하였다.

표 2-11. PBL의 단계별 주요 활동

단계	주요 활동
도입	• 수업 및 문제중심학습에 대한 안내 • 주의집중 유도
문제 제시	• 문제 제시 • 최종 수업 결과물에 대한 설명
문제해결	• 팀 구성 • 문제해결을 위한 하위목표 검토 • 하위목표 해결을 위한 학습과제의 규명과 분담 • 학습자료의 선정, 수집, 검토 • 주어진 문제에 대한 재검토 • 가능한 해결안에 대한 브레인스토밍 및 정교화 • 해결안 결정 및 보고서 작성
발표 및 토의	• 팀별로 결과물 발표 • 팀별 결과에 대한 집단 토의
정리	• 결과에 대한 일반화와 정리 • 자기 성찰

자료: 유승우 외(2018)

(3) PBL의 장단점

PBL의 장단점은 다음과 같다.

표 2-12. PBL의 장단점

장점	단점
• 학습자가 가지고 있는 배경지식과 실제 생활과 교과내용을 연계할 수 있다. • 학습자들의 흥미와 관심을 유도하는 데 효과적이다.	• 문제가 실제성을 갖추지 않았다면 학습자는 문제를 분석하고 해결안을 도출하는 과정에서 어려움을 겪을 수 있다. • 수강인원이 많은 경우에도 문제중심학습을 진행하는 데 시간과 학습활동 등의 어려움을 겪을 수 있다. • 학습자가 학습의 결과에만 치중하면 문제를 해결하는 과정에서 습득되어야 할 고차원적 사고능력 함양이 어려울 수 있다.

5) GSPBL에 기반한 프로젝트 학습모형

프로젝트 기반 학습을 현장에 적용하는 데 가장 어려운 부분은 문제의 난이도일 것이다. 너무 어렵지도 않고, 너무 쉽지도 않은 주제로 개별 학교 학생들의 수준을 고려하여 교사의 전문적인 판단하에 의미 있는 탐구 질문이나 해결해야 할 실제적인 문제 또는 완성해야 하는 디자인 챌린지를 설정하고 학생들을 수업과정에 참여할 수 있도록 해야 한다.

학생들은 수업 중에 친구들과 함께 제시된 문제를 조사하고, 내용 지식과 역량을 습득하며, 정답이나 해결책을 찾는다. 그리고 우수한 결과물을 만들고 이를 다른 사람들과 공유하거나 발표한다. 이 과정은 학생들의 학습동기를 끌어올린다. 학생들은 프로젝트를 개별 또는 그룹으로 할 수 있고 프로젝트는 도입, 중간, 마무리의 세 단계 과정이 있다. 다음은 현장 적용에 비교적 수월했던 GSPBLGold Standard PBL에 대한 소개이다.

(1) GSPBL 필수 설계 요소

제대로 된 GSPBL을 충족하려면 핵심 지식과 이해 및 핵심 성공 역량이라는 목표에 따라 어려운 문제나 질문, 지속적인 탐구, 실제성, 학생의 의사와 선택권, 성찰, 비평과 개선, 공개할 결과물의 7가지 필수 설계 요소가 필요하다(**그림 2-3**).

① 어려운 문제나 질문: 프로젝트는 해결하거나 대답해야 할 의미가 있는 문제 또는 질문으로 이루어진다. 적절한 수준의 질문이나 문제상황이 주어져야 한다.

② 지속적인 탐구: 학생들은 질문하고, 자원을 찾고, 정보를 적용하는 엄밀하면서도 확장된 과정에 참여한다.

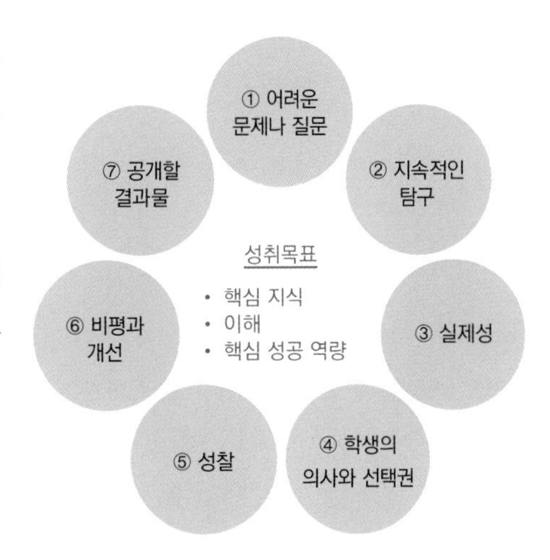

그림 2–3. GSPBL 필수 설계 요소

자료: 수지 보스·존 라머(2020). 프로젝트수업 어떻게 할 것인가? 2, p.22

③ 실제성: 프로젝트의 특징은 실제 세계와 관련된 상황, 과업과 도구, 기준 또는 영향이며, 학생들의 개인적 고민, 관심사, 삶의 이슈들을 다룬다.

④ 학생의 의사와 선택권: 교사는 학생들이 어떤 결과물을 만들 것인지, 어떤 활동을 할 것인지, 시간은 어떻게 활용할 것인지에 대한 선택권을 준다.

⑤ 성찰: 학생과 교사는 탐구와 프로젝트 활동들이 효과적으로 이루어졌는지 돌아보고, 프로젝트 결과물의 질, 어려움과 극복방법을 성찰한다.

⑥ 비평과 개선: 학생들은 프로젝트 과정과 결과물을 향상시키기 위해 피드백을 주고받으며 이를 적극적으로 활용한다.

⑦ 공개할 결과물: 학생이 만들어낸 결과물을 교실 밖의 청중들과 공유할 기회를 제공한다. 프로젝트 마지막에 전시회나 지역사회 모임, 온라인 등을 통해 공식적으로 학생들의 결과물을 전시하고 설명한다.

(2) GSPBL에 기반한 교수·학습단계

GSPBL에서 교사는 박식한 코치, 학습 촉진자, 탐구과정의 안내자이다. 단순한 지식 전달자가 아니라 학생들의 질문과 호기심, 또래학습을 장려하는 사람이다. GSPBL에 기반한 교수·학습의 핵심 실천 전략은 핵심 지식과 이해 및 핵심 성공 역량이라는 목표에 따라 프로젝트 설계 및 계획하기, 프로젝트를 성취기준에 맞추기, 문화 조성하기, 프로젝트 운영하기, 학습을 위한 비계 제공, 학생의 학습평가, 참여와 코칭의 7가지가 있다 (**그림 2-4**).

그림 2-4. GSPBL에 기반한 교수·학습 전략

자료: 존 라머·존 머겐달러·수지 보스(2017), 프로젝트 수업 어떻게 할 것인가?, p.60

① 프로젝트 설계 및 계획하기: 프로젝트 계획의 첫 단계는 다른 사람의 아이디어를 응용해보거나 아이디어를 생각해내는 것이며 학생들의 관심과 흥미를 파악해야 한다.

② 프로젝트를 성취기준에 맞추기: 성취기준은 그 자체로 중점을 두어야 할 주제이자 역량이며 프로젝트의 방향을 제시해준다.

③ 문화 조성하기: 교사는 학생들이 의견과 아이디어를 내도록 격려하고, 학생들이 노력과 성실함을 통해 성장할 수 있다는 믿음을 공유해야 한다.

④ 프로젝트 운영하기: 학생들의 프로젝트를 준비하고, 자료를 정리하며, 프로젝트 시작에 앞서 프로젝트 일정을 만드는 등 전 과정에서 프로젝트를 조정한다.

⑤ 학습을 위한 비계 제공: 비계(飛階)는 학생들이 프로젝트 목표에 도달할 수 있도록 뒷받침하는 모든 과정과 도구를 말하며, 여기에는 구조화된 수업과 강의에서부터 학생 유인물과 읽기 자료 등이 모두 포함된다.

⑥ 학생의 학습평가: 내용과 개념 이해를 중간 평가하며, 이때 개인이나 모둠이 만든 결과물, 비판적 사고력/문제해결력, 협업능력, 자기관리능력 등이 평가된다.

⑦ 참여와 코칭: 프로젝트 자체만으로 학생의 참여를 보장할 수는 없으므로 학생 개개인을 존중하며 관심을 기울인다. 이러한 교사와 학생의 관계는 학생들의 사고, 활동, 학습을 돕는다. 또한 스포츠팀의 코치처럼 해당 종목의 전문가로서 선수들의 기량을 높이려 노력하고 하나의 팀을 만들기 위해 노력해야 한다. 여기에는 모든 학생이 지금보다 더 발전할 수 있다는 믿음이 바탕이 되어야 한다.

6) 가정 교과의 GSPBL에 기반한 프로젝트 수업 설계 예시

(1) 중학교 GSPBL 수업 설계 예시

① 프로젝트 교수·학습계획 예시

3학년 2학기 전환기에 실시한 중학교의 프로젝트 수업은 분명한 목표와 학년 말 학교 행사에서의 결과물 발표에 초점을 두어 구성하였으며, 교수·학습계획은 **표 2-13**과 같다.

표 2-13. 중학교 GSPBL 프로젝트 교수·학습계획 예시

프로젝트 교수·학습계획		
• 프로젝트명: UFS!(Upcycling Fashion Show!) • 탐구질문: 지속 가능한 의생활을 생활 속에서 실천하는 방법은?		
구분	**설명**	**예시**
최종 결과물	• 발표, 공연, 제품 및 서비스	• (개인 및 모둠) 학교 축제 무대에서의 패션쇼
학습결과/목표	• 결과물을 성공적으로 완성하기 위해 학생들에게 필요한 지식, 이해와 핵심 성공 역량	• 업사이클링 의복/소품 제작 • 모둠 작품을 발표하기 위한 패션쇼 준비 • 의사소통, 발표, 창의적 역량
확인사항/과정 평가	• 학습과정을 점검하고 학생들이 프로젝트 방향을 잘 따라오고 있는지 확인하기 위한 사항 또는 평가	• 지속 가능한 의생활의 이해 • 업사이클링에 대한 이해 • 기초 바느질과 도구 사용
모든 학습자를 위한 지도전략	• 교사, 보조교사, 전문가 등에 의해 제공되는 비계, 자료, 학습결과와 형성평가를 위한 수업 등	• 재봉틀 사용법 • 패션 동아리 친구의 도움 • 각종 패션쇼 영상 클립 • 다양한 업사이클링 의류 제작방법 • 패션쇼 과정 및 무대 구성

자료: 벅교육협회[3](2021). 처음 시작하는 PBL. p.241 양식 재구성

---

3 벅교육협회: 프로젝트 기반 학습(PBL)을 연구하고 교사들을 지원하는 대표적인 미국의 비영리 교육 단체를 말한다. PBL에 관하여 가장 권위 있는 기관으로 손꼽힌다. 한국에는 2016년에 방송된 EBS '공부의 재구성'에서 PBL을 위해 교사들을 훈련시키는 미국의 대표적인 기관으로 소개되었다.

② 프로젝트 일정표 예시

표 2-13의 프로젝트 교수·학습계획에 따른 프로젝트 일정표 예시는 다음과 같다.

표 2-14. 중학교 GSPBL 프로젝트 일정표 예시

프로젝트 일정표	
프로젝트명: 지속 가능한 의생활 실천 전략	프로젝트 시작일:
1주차	• 지속 가능한 의생활의 이해 – 의복 고쳐 입기와 재활용 실천방안 – 업사이클링이란?
2주차	• 업사이클링 실천방안 – 업사이클링 패션 모둠별 기획 – 업사이클링 패션 자료 찾기
3주차	• 업사이클링 패션쇼 모둠별 기획안 발표 • 모둠 내 역할 분담(상의, 하의, 소품, 모델 및 모둠 디자이너 선정)
4주차	• 업사이클링 작품 제작 – 모둠별 작품 및 소품 만들기 – 기증받은 헌 옷 활용하기
5주차	• 업사이클링 작품 제작(계속 진행)
6주차	• 업사이클링 작품 제작(계속 진행) • 학급 예선 – 학급별 축제 무대 진출작 결정
7주차	• 업사이클링 작품 제작(계속 진행) • 축제 기획 및 쇼 리허설 – 모델 피팅 및 작품(계속 진행) – 모델 워킹 연습 – 축제지원팀: 무대 및 동선, 쇼 음악 선정 등
8주차 발표	• 패션쇼 리허설 • 패션쇼 발표
9주차	• 패션쇼 돌아보기

자료: 벅교육협회(2021), 처음 시작하는 PBL, p.242 양식 재구성

③ GSPBL에 기반한 수업 설계 예시

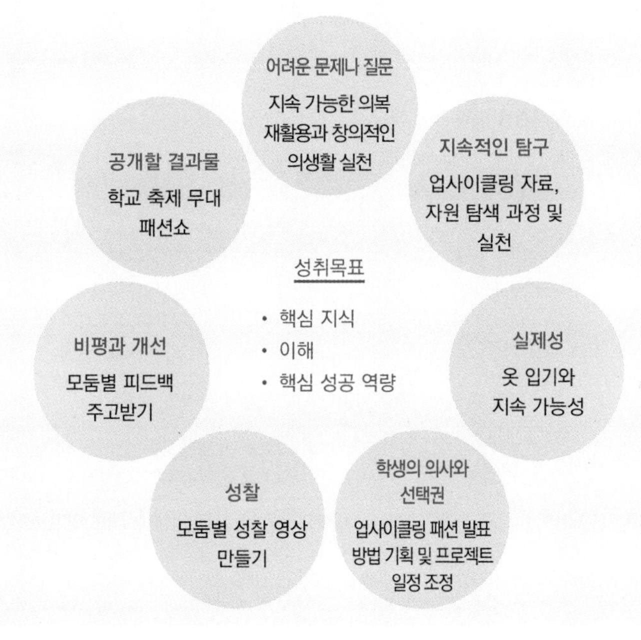

그림 2-5. GSPBL 필수 설계 요소 예시

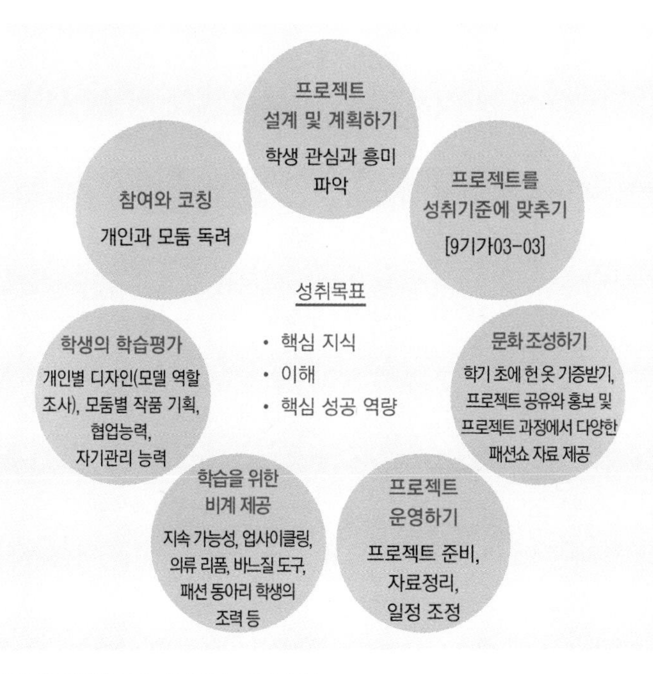

그림 2-6. GSPBL에 기반한 교수·학습단계 전략 예시

④ 수업의 실제

㉠ 수업 개요

중학교 기술·가정 과목의 프로젝트 수업 개요 예시는 다음과 같다.

표 2-15. 중학교 GSPBL 프로젝트 수업 개요 예시

<table>
<tr><th colspan="6">프로젝트 수업 개요</th></tr>
<tr><td>프로젝트명</td><td colspan="3">UFS!(Upcycling Fashion Show!)</td><td>기간</td><td>10월~12월, 2월</td></tr>
<tr><td>과목</td><td>기술·가정</td><td>교사</td><td>김교사</td><td>학년</td><td>중학교
3학년</td></tr>
<tr><td colspan="3">융합할 수 있는 다른 과목(있을 경우)</td><td colspan="3">미술, 음악</td></tr>
<tr><td>대단원명</td><td>청소년의 자원 관리</td><td>중단원명</td><td>의복 관리와 재활용</td><td>차시</td><td>17~18차시</td></tr>
<tr><td colspan="2">핵심 지식과 이해(성취기준)</td><td colspan="4">[9기가03-03] 의복을 재활용하는 방법을 탐색한 후, 이를 창의적이고 친환경적인 의생활에 적용한다.</td></tr>
<tr><td colspan="2">프로젝트 아이디어
(학생 역할, 주제, 문제 또는 도전 과제, 해야 할 행동, 목적, 수혜자)</td><td colspan="4">1. 지속 가능한 생활을 위한 의생활 탐구 및 실천
2. 지속 가능한 의생활을 주제로 한 패션쇼 개최하기
3. 수혜자는 지구 전체</td></tr>
<tr><td colspan="2">탐구 질문</td><td colspan="4">지속 가능한 의생활 실천전략은?</td></tr>
<tr><td colspan="2">도입활동</td><td colspan="4">의류 폐기물로 가득 찬 지구
자료: 유튜브(https://youtu.be/f9tOfiWdj7s?si=vLaUquCZWacl-NKA)
전국에서 모인 헌 옷은 어디로 갈까? 우리나라의 의류 폐기물은 1년에 약 30만 톤으로, 해외로 수출된 후 매립되어 미세플라스틱으로 변하고 있다. 의류 폐기물은 전 세계 탄소 배출량의 10%를 차지하며, 의류산업은 비행기가 날아다니면서 배출하는 총탄소량보다 훨씬 더 많은 탄소를 배출한다.</td></tr>
<tr><td rowspan="2">결과물</td><td>개인</td><td>패션쇼 아이템 제작 혹은 모델 되어보기</td><td colspan="3">평가할 내용 지식과 역량:
기초 바느질, 디자인(모델)하기 및 협업, 의복 자원의 다양한 재활용방법 모색 및 발표하기</td></tr>
<tr><td>모둠</td><td>모둠별 패션 완성(모델 포함)</td><td colspan="3">평가할 내용 지식과 역량:
창의적인 의생활 실천</td></tr>
<tr><td colspan="2">공개할 결과물</td><td colspan="4">패션쇼</td></tr>
</table>

(계속)

필요한 자원	현장의 인적 자원 및 시설	재활용할 의복 기증자, 재활용할 의복 등		
	장비	재봉틀		
	준비물	바느질 도구 등		
	지역사회 자원	패션쇼 무대, 음향, 조명 등		
성찰방법 (어떻게 개인, 모둠, 반 전체가 프로젝트 진행 중/후에 성찰할 수 있을지) 전체 토론 설문조사	배움 일지		표집 조사	
	전체 토론		어항 토론[4]	
	설문 조사		기타	모둠별 성찰 영상 기록하기
메모	가정부장, 패션동아리 학생들이 모둠별 의복 제작 시 함께 도우미 역할을 할 수 있도록 사전 교육 및 안내			

자료: 벅교육협회(2021), p.239~240 양식 재구성

㉡ 일반적인 프로젝트 루브릭 양식

프로젝트 수업의 평가를 위한 루브릭 예시는 다음과 같다.

표 2-16. 중학교 GSPBL 프로젝트 루브릭 예시

기술/ 핵심 지식	탁월	숙달	기본	초보	점수/ 비중
문제/ 주제 의식별	적합한 인물을 선정하고, 연구를 이끌어줄 중요한 질문을 3개 선정함	관심 있는 인물을 선정하고, 답해야 할 질문을 3개 씀	도움을 받아 인물을 선정하고, 단지 2개의 질문만 생각할 수 있음	인물을 선정하고 무엇을 배울지 정하는 데 상당한 도움이 필요함	

(계속)

4 어항토론: 6명 전후의 소집단이 전체가 보는 앞에서 토의·토론하는 방법이다(강순전, 2009). 청중 가운데 6개의 자리를 원형으로 배치해 토의하고 어항에서 선택된 5명의 사람이 토의하는 것을 보고 듣는다. 토의 중 토의에 참여하고 싶은 청중은 빈자리에 앉아 참여할 수 있다. 6개 의자가 모두 차면 내부 토의는 즉각 중지되고 누군가 자의로 나가면 토의는 다시 재개된다. 어항토론은 청중이 참여할 수 있어 개방된 토의·토론 형식이다. [자료: 강순전(2009), 효과적인 철학, 논술, 윤리교육을 위한 학습자 중심의 수업 모델 연구 (1): 말하기 듣기 형식의 방법을 중심으로]

기술/ 핵심 지식	탁월	숙달	기본	초보	점수/ 비중
계획	기술을 사용하고 우선순위를 적용하여 사려 깊고 정확하게 실제적이고 유연한 계획을 세움	실현 가능하고 현실적인 계획을 세움	계획 중 일부 단계는 불분명하거나 실행 가능성이 없음	계획에 실행단계가 빠져 있고, 그 과정도 계획을 따르지 않음	
리서치 스킬 및 전략	실현 가능한 전략을 개발하고, 가장 관련이 있는 적절한 자원을 선정함	수업에서 배운 리서치 기술을 일부 사용하여 복수의 이용자원을 선택함	자료를 찾고 그중에서 관계있는 것을 선정하는 데 어려움이 있음	검색해서 처음 나오는 웹사이트를 이용하고, 그 외 다른 출처를 찾거나 고려하지 않음	
분석과 종합	복수의 출처를 사려 깊게 분석하고 종합함	학습한 전략을 일부 사용하여 정보를 검토·조직함	대부분의 자료를 이해하고, 각 자료의 부분을 통합함	이해 가능한 자료를 몇 개밖에 찾지 못하고, 일부를 그대로 가져다 붙임	
꾸준한 기록	준비성 있고, 체계적이며, 근면 성실하여 요구하는 것 이상을 혼자서도 해냄	대체로 꾸준히 기록하며, 지도 감독 없이도 일관성 있게 행함	개인적으로 의사결정을 하는 경우가 매우 드물며, 과제를 완수하려면 지도 감독이 필요함	체계가 없고 준비성이 부족하여 부과된 과제를 완수하려면 도움이 필요함	
문제해결	정확한 순서에 따라 문제해결 기술을 다양한 방식으로 적용함	대체로 사려 깊은 방법으로 문제를 해결함	문제의 일부를 찾아낼 수는 있으나, 해결에는 도움이 필요함	문제해결 단계를 따르고 해결책을 제시하는 것을 힘들어 함	
창의성	일관되게 융통성과 독창성을 보이며, 새로운 아이디어와 일처리방법을 만들어냄	일하는 과정에서 대체로 창의성 요소를 보이고 적용할 수 있음	창의적으로 사고하려고 노력하지만 새로운 아이디어를 고안하는 데 가끔 도움이 필요함	지원을 받으면 약간의 창의적인 아이디어를 낼 수 있음	
메타인지	학습과 생산성을 개선하기 위해 메타인지 능력을 사용하며, 일상에서 그 능력을 정례적으로 적용함	학습 중에 메타인지 능력을 대체로 적용하며, 메타인지를 활용해서 더 나은 수행을 해냄	때로 메타인지 능력을 발휘하나, 정례적으로 그것을 적용하지는 않음	메타인지를 이해하려 노력하지만, 이 개념을 적용하기에는 어려움이 있음	
멀티 미디어	해박한 지식으로 멀티미디어를 능숙히 사용하여 학습한 것을 효과적으로 보여줌	발표할 때 적절한 미디어의 선정과 사용능력이 우수함	소수의 몇몇 미디어를 선정하고 사용하여 발표할 수 있음	도움을 받아야 미디어를 선정하고 발표에 적절히 활용할 수 있음	

(계속)

기술/ 핵심 지식	탁월	숙달	기본	초보	점수/ 비중
협업	협업을 잘하며 시간을 효율적으로 사용하고, 공평하게 참여함	대체로 과제에서 벗어나지 않고 참여하며, 시간 사용을 잘함	협업을 위해 노력하지만, 일관성 있게 자신의 몫을 하지는 않음	다른 사람들을 존중하고 협업하는 데 어려움이 있음	
발표	침착하고 전문적인 방식으로 청중을 몰입시키며 메시지를 전달함	훌륭한 무대 매너로 청중이 경청하며, 정보를 이해하는 것처럼 보임	약간 불안해하고 안절부절못하며, 준비한 노트를 보고 발표함	자료를 발표하려면 아주 자세한 노트, 지원, 격려가 필요함	

성찰하기
- 학생이 무엇을 배웠는가(개인적인 것 3가지, 사실적인 것 3가지)?
- 어떤 것이 효과가 있었는가?
- 어떤 것을 달리했다면 좋았겠는가?

자료: Laura Greenstein(2021), 수업에 바로 쓸 수 있는 역량평가 매뉴얼, p.239~240 양식 재구성

ⓒ 프로젝트 루브릭 예시

표 2-17은 **표 2-16**을 응용하여 제작한 루브릭으로, 중학교 가정교과 자원관리와 자립 중 '의복 관리와 재활용'을 주제로 한 수업의 과정중심평가 루브릭 예시이다.

표 2-17. '의복 관리와 재활용' 수업 지도안

기술/ 핵심 지식	탁월	숙달	기본	초보	점수/ 비중
문제/ 주제 의식별	지속 가능성을 이해하고 적합한 주제를 선정하며, 프로젝트를 이끌어줄 중요한 질문을 3개 선정함	지속 가능성과 관련 있는 주제를 선정하고, 답해야 할 질문을 3개 씀	도움을 받아 주제를 선정하고, 단지 2개의 질문만 생각할 수 있음	주제를 선정하고 무엇을 배울지 정하는 데 상당한 도움이 필요함	
계획	기술을 사용하고 우선순위를 적용하여 사려 깊고 정확하게 실제적이고 유연한 계획을 세움	실현 가능하고 현실적인 계획을 세움	계획 중 일부 단계는 불분명하거나 실행 가능성이 없음	계획에 실행단계가 빠져 있고, 그 과정도 계획을 따르지 않음	

(계속)

기술/ 핵심 지식	탁월	숙달	기본	초보	점수/ 비중
리서치 스킬 및 전략	의복 재활용 관련 실현 가능한 전략을 개발하고, 가장 관련이 있는 적절한 방법을 선정함	수업에서 배운 리서치 기술을 일부 사용하여 의복 재활용방법을 선택함	자료를 찾고 그중에서 관계있는 것을 선정하는 데 어려움이 있음	검색해서 처음 나오는 웹사이트를 이용하고, 그 외 다른 출처나 방법을 찾거나 고려하지 않음	
조직, 책무성, 꾸준한 기록	준비성 있고, 체계적이며, 근면 성실하여 요구하는 것 이상을 혼자서도 해냄	대체로 꾸준히 작업하며, 지도 감독 없이도 일관성 있게 행함	개인적으로 의사결정을 하는 경우가 매우 드물며, 과제를 완수하려면 지도 감독이 필요함	체계가 없고 준비성이 부족하여 부과된 과제를 완수하려면 도움이 필요함	
문제해결	정확한 순서에 따라 문제해결 기술을 다양한 방식으로 적용함	대체로 사려 깊은 방법으로 문제를 해결함	문제의 일부를 찾아낼 수는 있으나, 해결에는 도움이 필요함	문제해결 단계를 따르고 해결책을 제시하는 것을 힘들어 함	
창의성	일관되게 융통성과 독창성을 보이며, 새로운 아이디어와 일처리방법을 만들어냄	일하는 과정에서 대체로 창의성 요소를 보이고 적용할 수 있음	창의적으로 사고하려고 노력하지만 새로운 아이디어를 고안하는 데 가끔 도움이 필요함	지원을 받으면 약간의 창의적인 아이디어를 낼 수 있음	
협업	협업을 잘하며 시간을 효율적으로 사용하고, 공평하게 참여함	대체로 과제에서 벗어나지 않고 참여하며, 시간 사용을 잘함	협업을 위해 노력하지만, 일관성 있게 자신의 몫을 하지는 않음	다른 사람들을 존중하고 협업하는 데 어려움이 있음	
발표	침착하고 전문적인 방식으로 청중을 몰입시키며 메시지를 전달함	훌륭한 무대 매너로 청중이 경청하며, 정보를 이해하는 것처럼 보임	약간 불안해하고 안절부절못하며, 준비한 노트를 보고 발표함	자료를 발표하려면 아주 자세한 노트, 지원, 격려가 필요함	

성찰하기

• 학생이 무엇을 배웠는가(개인적인 것 3가지, 사실적인 것 3가지)?
  – 지속 가능한 의생활의 이해
  – 기초 바느질방법의 재확인
  – 업사이클링 방법

• 어떤 것이 효과가 있었는가?
  – 비계(도움을 줄 수 있는 보다 능숙한 또래의 도움), 적절한 바느질 도구(재봉틀 등의 지원)

• 어떤 것을 달리했다면 좋았겠는가?
  – 예산과 시간 확보, 좀 더 많은 원재료 확보

(2) 고등학교 GSPBL 수업 설계 예시

① 프로젝트 교수·학습계획 예시

고등학교 프로젝트 수업은 2015 개정 교육과정의 진로선택 과목인 가정과학 수업 시간을 활용하여 구성하였다. 생활습관병과 현재 자신의 식생활과의 관계를 분석하고 건강한 식생활을 실천할 수 있는 방안에 대한 고민을 주제로 19차시의 프로젝트 수업을 진행하였다. 일반계 고등학교의 진로선택 과목이므로 학생들의 수준과 흥미, 지적 호기심에 맞추어 주제의 난이도를 적정화하는 과정이 필수적이었으며, 교수·학습계획은 **표 2-18**과 같다.

표 2-18. 고등학교 GSPBL 프로젝트 교수·학습계획 예시

프로젝트 교수·학습계획		
• 프로젝트명: 무병장수의 비결은? • 탐구질문: 건강한 식생활 실천방안은 무엇인가?		
구분	**설명**	**예시**
최종 결과물	• 발표, 공연, 제품 및 서비스	• (개인) 학기 말 프로젝트 발표
학습결과/목표	• 결과물을 성공적으로 완성하기 위해 학생들에게 필요한 지식, 이해와 핵심 성공 역량	• 식생활 실습과 도구 사용 • 생활습관병 예방을 위한 구체적인 방안을 적용한 실습 • 개인별 프로젝트 결과 발표 • 의사소통, 발표, 창의적 역량 • 실천적 문제해결능력 • 생활 자립능력
확인사항/ 과정 평가	• 학습과정을 점검하고 학생들이 프로젝트 방향을 잘 따라오고 있는지 확인하기 위한 사항 또는 평가	• 자신의 식생활 기록(온라인 게시) • 자신의 식생활 패턴 파악 • 식생활 실천 기록(온라인 게시) • 우려되는 생활습관병에 대한 이해
모든 학습자를 위한 지도 전략	• 교사, 보조교사, 전문가 등에 의해 제공되는 비계, 자료, 학습결과와 형성평가를 위한 수업 등	• 건강한 식생활의 이해 • 생활습관병에 대한 이해 • 푸드 스타일링에 대한 이해 및 실습

자료: 벅교육협회(2021). 처음 시작하는 PBL, p.241 양식 재구성

② 수업 개요

고등학교 가정과학 과목의 프로젝트 수업 개요 예시는 다음과 같다.

표 2-19. 고등학교 GSPBL 프로젝트 수업 개요 예시

<table>
<tr><th>과목명</th><td>가정과학</td><th>프로젝트명</th><td>무병장수의 비결은?</td><th>차시</th><td>19차시</td></tr>
<tr><th>탐구 질문</th><td colspan="5">생활습관병을 예방할 수 있는 건강한 식생활 실천방안은 무엇인가?</td></tr>
<tr><th>주제</th><td colspan="5">청소년의 생애주기에 맞는 건강한 식습관으로 생활습관병 예방하기</td></tr>
<tr><th>성취기준</th><td colspan="5">[12가정-02-05] 생활습관병의 원인을 분석하여 건강을 유지할 수 있는 생활습관과 식이요법을 탐색하고 실천한다.
[12가정-02-06] 푸드 디자인을 통해 건강을 고려하고 오감을 만족시킬 수 있는 창의적인 푸드 스타일링을 제안한다.</td></tr>
<tr><th>프로젝트 설계 의도</th><td colspan="5">한국인 식생활 건강지수는 60대가 가장 높고 20대가 가장 낮다. 20대의 식생활 건강지수가 가장 낮은 이유는 아침식사를 거르고 잡곡과 과일을 적게 섭취하기 때문인 것으로 나타났다.
이러한 상황에서 건강하지 못한 식습관과 생활습관이 야기하는 생활습관병을 알아보고, 자신의 식생활 패턴을 분석하여 자신에게 우려되는 생활습관병을 주제로 해당 병의 예방법과 식생활과 생활습관 대안, 건강 레시피 기획, 조리 실습, 일주일간의 건강한 식생활 실천과 기록을 통해 생활습관의 변화를 시작해 본다.
일련의 과정을 통해 해당 문제와 해결방안을 표면적으로 인식하는 것보다는 잘못된 습관이 자신의 일상과 몸에 차곡차곡 쌓여 생활습관병을 야기할 수 있음을 확인하고 자신에게 우려되는 생활습관병을 예방하는 방법을 찾아 실제로 일상에 적용하여 건강한 식생활 습관을 실천할 수 있도록 돕는다. 이를 통해 학생들은 올바른 식이기준을 알고 자신의 식습관을 점검·보완하여 평생 건강, 무병장수의 첫걸음을 시작할 수 있기를 바란다.</td></tr>
<tr><th rowspan="4">수업 흐름</th><td>1단계
도입</td><td colspan="4">• 식생활에 대한 생각 나눔
• 관련 동영상 시청과 내용 강의를 통한 아이디어 탐색
• 활동 주제 및 활동 안내</td></tr>
<tr><td rowspan="3">2단계
프로젝트 시행</td><td>주제선정</td><td colspan="3">• 자신의 몸과 식생활 파악: 체질량지수 측정
• 활동 주제 선정</td></tr>
<tr><td>자료수집
및 분석</td><td colspan="3">• 생활습관병에 대한 자료수집 및 정리
• 인터넷 및 영상 자료를 통한 자료 탐색
• 식습관 실험 다큐 토의
• 생활습관병 예방 대안 탐색
• 조리실습 기획</td></tr>
<tr><td>결과물 개발
및 검토</td><td colspan="3">• 자료수집 및 분석단계에서 얻은 내용을 토대로 건강한 식생활 레시피 정리
• 건강한 식생활 조리 실습
• 건강한 식생활 실천
• 개인별 프로젝트 과정과 결과 보고서 작성
• 다른 친구의 과정 분석 및 조언</td></tr>
</table>

(계속)

수업 흐름	3단계 프로젝트 결과 발표	• 2단계에서 작성한 내용을 토대로 발표 및 질의응답 • 동료평가와 교사평가
	4단계 성찰	성찰일지 작성을 통한 학습자 주도 피드백
주요 산출물	식생활 패턴 기록(온라인 게시), 식생활 실천 기록(온라인 게시), 무병장수로 가는 길(식생활 보고서)	

③ 차시별 수업 흐름

표 2-19에 따른 프로젝트의 차시별 수업의 흐름 예시는 다음과 같다.

표 2-20. 고등학교 GSPBL 프로젝트의 차시별 수업의 흐름 예시

단계	차시	핵심 개념, 기능	수업 예상 흐름	Tip
도입	1~2	• 체질량지수 측정 • 식생활 패턴 분석 • 생활습관병과 식생활 이해 • 주제 파악하기	• PBL 1단계– 프로젝트 도입 • [1~2] 세대별 식생활지수 확인 – '국민건강 영양조사 기반의 식생활평가지수 개발 및 현황' 보고서(2018. 12. 27.) • 식생활지수 관련 뉴스 확인 및 생각 – 한국인 식생활지수, 20대가 가장 낮아. 자료: 대한급식신문(2019. 1. 4.)(www.fsnews.co.kr/news/articleView.html?idxno=32195) – "끼니 거르고 짜게 먹어"... 한국인 식생활. 자료: YTN(2018. 12. 30.)(www.ytn.co.kr/_ln/0103 _201812301415149107) • 체성분 분석기로 체질량지수 및 BMI 측정 • 식생활 기록 앱을 다운받아 사용법 확인 • 활동 주제 및 활동 안내 • 활동 계획서 작성	• 세대별 식생활 현황을 통해 어떻게 먹어야 할 것인가에 대한 문제의식을 가질 수 있도록 지도 • 식생활 기록은 매일 세 끼와 간식을 중심으로 7일간 기록하고 댓글로 피드백 및 별점, 하트로 기록을 독려
	3~5		• [3~5] 내용 강의(생활습관병과 식생활)를 통한 정리 및 활동에 대한 아이디어 탐색 – 생활습관병의 이해: 비만 – 생활습관병의 이해: 당뇨 – 생활습관병의 이해: 간 질환 – 생활습관병의 이해: 심혈관계 질환 – 생활습관병의 이해: 암	

(계속)

단계		차시	핵심 개념, 기능	수업 예상 흐름	Tip
프로젝트 실행	주제 선정	6~8	주제 선정하기	• [6~8] 일주일간 식생활 기록 – 온라인 게시판을 활용하여 공유 및 피드백, 독려 • 개인별 프로젝트 주제 선정 • 식습관이 야기할 수 있는 생활습관병 조사 • 생활습관병 예방 관련 자료 탐색 – 식생활 기록 활동 – 나의 식생활 분석하기	• 과잉 영양소와 식습관을 점검하여 생활습관병의 원인과 연결, 우려되는 병 결정 • 유료 논문은 학교 정기 구독 서비스 이용
	자료 수집 및 분석	9~11	• 건강한 식생활의 필요성 토의 • 생활습관병 예방 레시피 작성	• [9] 일주일 동안 편의점 음식만 먹는다면? 다큐멘터리 감상 및 토론 – '일주일 동안 편의점 음식만 먹은 당신에게 벌어질 일: 편의점 삼시 세끼' 자료: EBS 하나뿐인 지구(2015. 11. 20.)(https://www.youtube.com/watch?v=hYApqnCU8SI) • [10~11] 식생활 기록 활동 내용을 토대로 자신의 식습관으로 우려되는 생활습관병 예방을 위한 레시피 및 푸드 스타일링 기획하기	• 해당 활동은 모둠 내에서 활동하는 것을 원칙으로 하나, 개별 활동지의 성격이 있으므로 개별활동으로도 진행 가능
	결과물 개발 및 검토	12~13	실습·실천하기	• [12~13] 작성된 기획서를 토대로 조리 실습	• 토의·토론 시 모든 모둠원이 참여할 수 있도록 유도 • 특정 학생의 발언권이 지나치게 강조되지 않도록 지도
		14~16		• [14~16] 일주일간 식생활 실천결과를 토대로 보고서 작성 • 앞선 내용을 기반으로 식생활 실천 및 분석활동을 진행하여 발표 준비	
프로젝트 결과 발표		17~18	• 발표하기 • 경청하기 • 토의·토론하기	• [17~18] 프로젝트 결과 개인별 발표 • 발표한 내용에 대해 질의응답 • 발표 및 토론내용 평가(교사평가, 동료평가)	• 질의응답 시 학생들이 고루 참여할 수 있도록 유도 • 질의응답 과정이 다른 학생의 흠결만 지적하는 분위기로 흘러가는 것을 지양 • 동료평가 시 발표 및 질의응답 내용에 근거한 평가 유도
성찰		19	성찰하기	성찰 일지 작성	• 성찰 일지가 개인적 피드백의 기회가 될 수 있도록 솔직하게 작성

④ 학습 촉진 발문 예시

학생들이 프로젝트를 계획하여 수행해나가는 과정에서 진행이 더디거나, 난항에 빠질 때가 있다. 이때 교사는 적절한 학습 촉진 발문을 통해 프로젝트가 원활히 진행되도록 도울 수 있다. 학습 촉진 발문의 예는 **표 2-21**과 같다.

표 2-21. 학습 촉진 발문 예시

상황	발문
학생이 프로젝트의 이해가 부족할 때	• 우리가 해야 하는 결과물에는 어떤 것이 있을까요? • 우리가 이번 프로젝트에서 얻을 수 있는 것은 어떤 것이 있을까요? • 이 문제를 해결하기 위해 필요한 정보에는 어떤 것이 있을까요? • 정보를 찾는 방법에는 어떤 것이 있을까요? • 찾은 정보를 어떻게 정리하여 적용할까요? • 이 내용들만으로 결과물이 완성될 수 있을까요? • 이 결과물의 부족한 점은 무엇인가요? • 이 결과물의 부족한 점을 어떻게 보완할 수 있을까요?
토론 과정 중 상호 간 내용에 대한 이해가 부족할 때	• 상대방이 주장하고 있는 내용이 정확히 어떤 것인가요? • 해당 개념(혹은 용어)을 어떻게 이해하고 있나요? • 논의되고 있는 내용들이 해당 주제에 맞는 이야기인가요?
특정 학생만 이야기하고 다른 학생들의 참여가 저조할 때	• 어떤 부분이 어려운 것 같아요? • 해당 사항에 대한 ㅇㅇ(이)의 생각은 어때요? • 혹시 ㅇㅇ(이)는 이에 대해 다른 의견이 있을까요?
과제의 내용이 구체적이지 않고 추상적일 때	• 해당 방안에서 부족한(혹은 빠져 있는) 정보가 있을까요? • 해당 방안을 실천하는 다른 방법이 있을까요? • 해당 방안을 만들 때 실현 가능성을 고려하였나요? • 해당 방안이 나오게 된 영양학적 이유와 구체적인 근거는 무엇인가요?
학생이 활동지를 제대로 작성하지 않을 때	• 활동지에서 좀 더 보충할 내용들이 있을까요? • 해당 내용은 다르게 생각해 볼 수 있지 않을까요? • 동일한 주제를 다룬 친구들의 활동지와 비교해 볼까요? • 활동지가 완성되려면 어떤 내용이 더 필요할까요?

⑤ 평가기준 예시

프로젝트의 성격과 내용에 따라 다양한 프로젝트 평가기준을 활용할 수 있다. 고등학교 가정과학 과목의 식생활 프로젝트에서 활용한 평가기준은 **표 2-22**와 같다.

표 2-22. 프로젝트 평가기준 예시

영역	배점	척도				점수 (미흡) – (충족)
주제 선정	5	• 적합한 주제를 선정하고, 연구를 이끌어줄 중요한 질문을 3개 선정함	• 관심 있는 주제를 선정하고, 답해야 할 질문을 3개 씀	• 도움을 받아 주제를 선정하고, 질문을 2개 정도만 생각할 수 있음	• 주제를 선정하고 무엇을 배울 것인지 정하는 데 상당한 도움이 필요함	2. 3. 4. 5 ※ 최저점이 2점인 이유: 수행평가는 과정평가이므로, 미참여 학생을 제외하고 모든 학생의 최저점은 2점으로 부여함
식생활 분석	5	• 복수의 출처를 사려 깊게 분석하고 종합함	• 학습한 전략을 일부 사용하여 정보를 검토하고 조직함	• 대부분의 자료를 이해하고, 각 자료의 부분을 통합함	• 이해 가능한 자료를 몇 개밖에 찾지 못하고, 일부를 그대로 가져다 붙임	
온라인 도구 사용을 통한 꾸준한 기록	5	• 자신의 식생활을 5일 이상 기록하며 준비성 있고, 체계적이며, 근면 성실하여 요구하는 것 이상을 혼자서도 해냄	• 대체로 4일 이상 꾸준히 기록하며, 지도 감독 없이도 일관성 있게 행함	• 3일 이상을 기록하며, 과제를 완수하려면 독려와 지도 감독이 필요함	• 체계가 없고 준비성이 부족하여 부과된 과제를 완수하려면 도움이 필요함	
생활습관병 조사 및 실천방안 마련	5	• 복수의 출처를 사려 깊게 분석하고 종합함	• 학습한 전략을 일부 사용하여 정보를 검토하고 조직함	• 대부분의 자료를 이해하고, 각 자료의 부분을 통합함	• 이해 가능한 자료를 몇 개밖에 찾지 못하고, 일부를 그대로 가져다 붙임	
푸드 스타일링 실습	10	• 정확한 순서에 따라 문제 해결 기술을 다양한 방식으로 적용함	• 대체로 사려 깊은 방법으로 문제를 해결함	• 문제의 일부를 찾아낼 수는 있으나, 해결에는 도움이 필요함	• 문제해결 단계를 따르고 해결책을 제시하는 것을 힘들어 함	2. 4. 6. 8 ※ 창의성이 돋보이는 경우 +2점

(계속)

영역	배점	척도				점수 (미흡) – (충족)
발표	5	• 침착하고 전문적인 스타일로 청중을 몰입시키며 메시지를 전달함	• 훌륭한 무대매너로 청중이 경청하며, 정보를 이해하는 것처럼 보임	• 약간 불안해하고 안절부절못하며, 준비한 노트를 보고 발표함	• 자료를 발표하려면 아주 자세한 노트, 지원, 격려가 필요함	
책무성 및 성찰	5	• 체계적이며, 근면 성실하여 요구하는 것 이상을 혼자서도 해내며 의미 있는 성찰*을 세 가지 이상 충족함	• 대체로 꾸준히 참여하며, 지도 감독 없이도 일관성 있게 행하며 의미 있는 성찰*을 두 가지 이상 충족함	• 과제를 완수하려면 지도 감독이 필요하며 의미 있는 성찰*을 한 가지 이상 충족함	• 체계가 없고 준비성이 부족하여 부과된 과제를 완수하려면 도움이 필요함	2. 3. 4. 5
		* 성찰에 대한 기준안	• 학생이 무엇을 배웠는가(개인적인 것 3가지, 사실적인 것 3가지)? • 프로젝트를 통해 개발된 역량은 무엇인가? • 가장 최선을 다한 차시는 무엇인가? • 더 시간을 들이거나 다른 방식으로 프로젝트에 참여한다면 무엇을 하기 원하는가? • 어떤 것이 효과가 있었는가? • 나와 선생님은 어떤 것을 달리했다면 좋았겠는가?			
계	40					

4. 가정과교육의 탐구학습

1) 탐구학습의 배경 및 개념

탐구학습Inquiry Learning은 미국에서 1950년대에 과학교육을 중심으로 발전하였다. 대표적인 연구자는 듀이Dewey, 슈밥Schwab, 브루너Bruner이며, 이들은 과학교육 연구가 단순히 학습내용을 개발하는 것에 그치지 않고, 학생들이 과학적 태도와 방법을 갖추기를 원했다. 슈밥의 이론은 상당 부분 듀이의 이론을 근거로 이루어졌고, 탐구학습은 이후로 교수·학습방법으로서 과학과 이외에도 사회과 등에서 다루어지며 다양한 모형이 개발되는 등 발전을 거듭하고 있다(정지현, 2012). 가정과수업에서는 실험·실습 수업을 활용하여 '단맛을 내는 대체감미료는 당이다.', '섬유의 흡습성이 낮으면 정전기가 잘 생긴다.' 등의 가설을 검증해가는 방법으로 탐구수업을 적용할 수 있다.

탐구학습은 학습자가 지식을 탐구하고 조직하여 스스로 문제를 해결하고 발견하는 학습방법이다. 탐구는 환경으로부터 지식을 획득하고 이를 조직하기 위해 체계적인 과정(문제제기, 가설형성, 실험설계, 가설검증, 결론도출)을 거치는 것을 말한다(Gallagher, 1971 ; Taba, 1966). 듀이(1994)는 사고를 과정적·경험적인 것으로 보고, 탐구학습을 '일련의 사실로부터 제안(또는 가정)할 수 있는 어떤 신념이나 새로운 사실(혹은 진리)을 객관적 자료나 현상을 이용하여 그들 간의 관계를 논리적으로 일관성 있게 검증하여 새로운 결론을 도출해내는 것'으로 정의하였다.

2) 탐구학습의 적용과정

탐구학습과정은 다루어지는 내용이나 학자들의 강조점에 따라 단계와 각 단계의 활동이 약간씩 다르지만 모두 **그림 2-7**과 같은 전형적인 과정을 거친다.

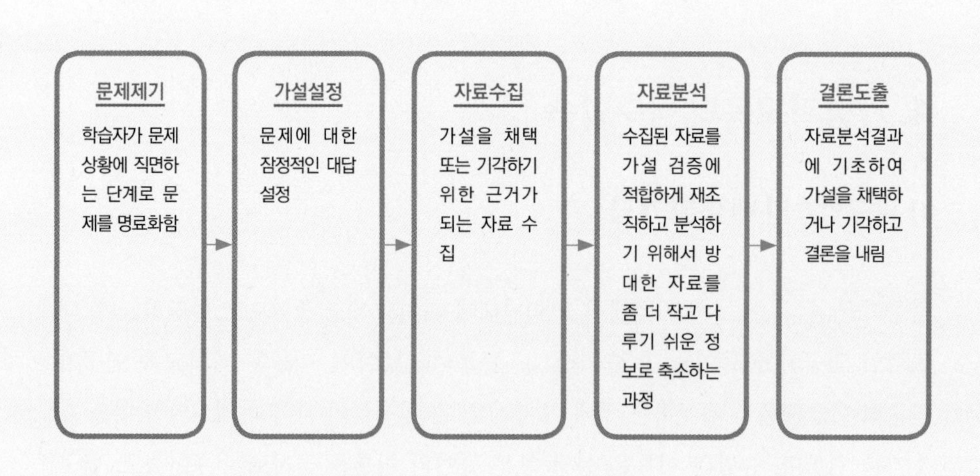

그림 2-7. 탐구학습의 적용과정

이러한 탐구학습과정에서 교수자의 역할은 안내자와 중재자여야 한다. 교수자가 구체적 방향과 절차를 일일이 지시하거나 학습자에게 모두 맡겨버린다면 탐구학습과는 무관한 무의미한 활동으로 마무리될 가능성이 높다. 교수자는 문제상황을 선택하거나 구성하고, 탐구절차를 소개하고 필요한 자료를 제공하며 학습자들이 탐구할 수 있도록 돕는 역할에 충실해야 한다.

3) 탐구학습의 전략

탐구학습은 학생들이 끊임없이 의문을 가지게 하고 호기심에서 나오는 질문에 대한 답을 스스로 찾게 함으로써 지적 훈련과 창의력 향상에 도움을 준다. 탐구학습은 학습자들이 지식의 획득과정에 주체적으로 참가하여 자연이나 사회를 조사하는 데 필요한 탐구능력을 길러 새로운 것을 발전·탐구하려는 적극적인 태도를 가지도록

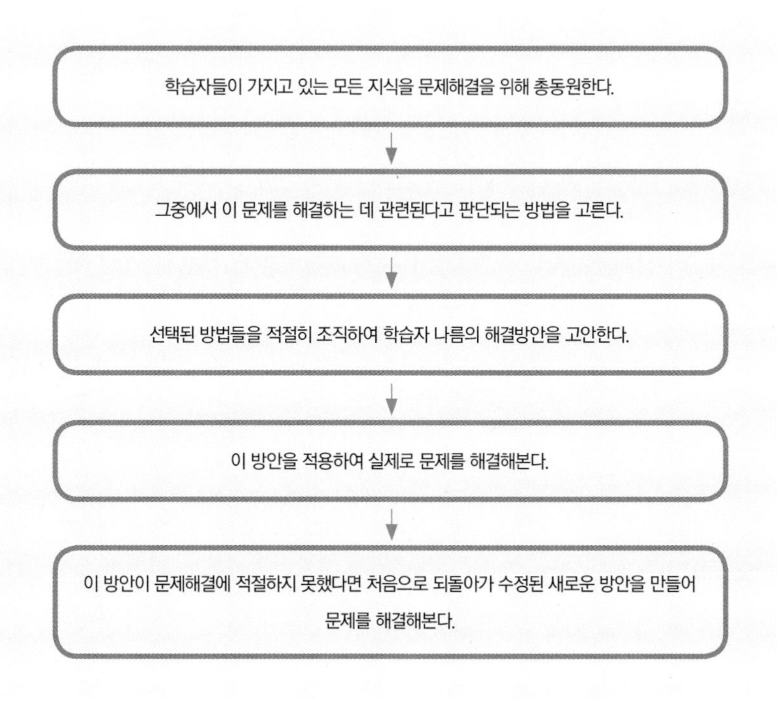

그림 2-8. 탐구학습의 문제해결과정

할 수 있다. 이러한 과정을 통해 학습자는 객관적 자료를 바탕으로 창의성과 비판적인 사고, 나아가 논리적 문제해결능력에 도달함을 목표로 한다.

학습자들이 어떤 문제를 탐구하여 문제를 해결하는 과정은 **그림 2-8**과 같다. 학습자들은 이 과정을 되풀이하며 문제를 해결한다. '탐구적'이라는 말에는 '객관적 근거를 바탕으로, 논리적으로 문제를 해결한다'는 의미가 있으므로, 증거를 제시할 수 없거나 문제해결과정에 논리성이 결여되어 있는 경우에는 탐구라는 용어를 쓰지 않는 것이 좋다.

4) 탐구학습의 장단점

탐구학습을 적용하기 위해서는 먼저 학습자의 학습수준, 흥미, 학습과정 및 결과, 그리고 학습환경과 자료에 대한 제약과 어려움을 파악해야 한다. 이를 토대로 학습자들의 학습동기와 흥미를 최대화하기 위한 구체적인 계획을 수립해야 하므로 탐구학습의 장단점을 충분히 검토하여 적용할 필요가 있다.

표 2-23. 탐구학습의 장단점

장점	단점
• 학습자들이 스스로 자신들의 학습 방향을 찾고, 학습성과에 대해 책임감을 느끼며, 사회적 의사소통능력이 향상된다. • 학습자가 주도적으로 학습해야 하므로 학습과정에 능동적으로 참여하게 된다. • 학습자들은 자기능력으로 문제를 해결할 수 있음을 믿게 되고, 또 이를 성취할 수 있음을 깨닫게 된다. • 스스로 학습하는 경험을 통해 학습의 흥미와 관심 증진은 물론 학습내용을 확실히 이해하는 데 도움이 된다. • 창의성과 더불어 계획하고 조직하며 판단하고 탐구하는 과정을 통해 학습자의 사고력이 확장된다. • 합리적·비판적인 사고를 할 수 있는 기회를 더 많이 가지게 된다.	• 결론을 도출하는 데까지 시간이 오래 걸리기 때문에 수업시간이 정해져 있는 교육현장에서는 비효율적일 수 있다. • 단순한 개념을 많이 전달하는 수업에는 비효율적이다. • 학습능력이 낮은 학습자는 적절한 자료를 수집하거나, 결론을 도출하는 과정에서 학습에 어려움을 느껴 학습 부진으로 이어질 수 있다. • 교육현장에 적용하려면 교수자들의 많은 노력과 연구가 필요하므로 자료준비, 학습지도, 평가 등이 교수자들에게 많은 부담을 준다. • 타당도와 신뢰도가 높은 탐구능력 평가방법의 개발이 어렵다.

5) 탐구학습의 유형

(1) 듀이의 탐구이론

듀이Dewey는 '반성적 사고는 탐구를 촉진한다.'라고 주장하였다. 이는 '탐구의 기초는 사고에 있다'는 뜻으로, 사고는 결국 탐구로 이어진다는 말이다. 사고는 우리가 어떤 문제에 부딪혔을 때 전개되기 시작하여 그 문제를 해결할 수 있는 해답을 발견함으로써 종결되며, 비교적 일정한 사고과정에 따라 진행된다. 듀이는 이 사고방법을 암시, 지성화, 가설, 추리, 검증의 다섯 단계로 설명하고 있다(김종석 외, 1989).

① 암시: 우리가 문제에 부딪혔을 때 즉각적으로 생각하게 되는 '해야 할 일' 또는 '잠정적인 답'의 암시이며, 가설과 같은 것으로 문제해결을 위한 출발점이다.
② 지성화: '느껴진 곤란'을 '해결해야 할 문제' 또는 '해답이 발견되어야 할 문제'로 전환하는 활동으로, 막연한 사태의 성격을 명료화하는 일이다.
③ 가설: 지성화과정을 통해 나온 문제의 답으로, 가설은 암시에 비해 지적인 답변이며, 검증을 위한 관찰이나 자료수집활동의 지침이 된다.
④ 추리: 가설을 설정한 다음 그것을 검증하기에 앞서 검증결과를 예견하는 일이다.
⑤ 검증: 증거에 의해서 설정된 가설의 확실성을 밝히는 활동으로, 실제 실행이나 관찰 또는 가설이 요구하는 조건을 갖춘 실험에서만 가능하다.

듀이는 사고나 사색이라는 정적 표현인 '사고방법'을 과학적으로 체계화하여 '탐구'라는 동적 표현으로 바꾸었다. 탐구란 하나의 불명료한 상황을 명료하게 통일된 상황으로 바꾸는 작용이다. 탐구의 동의어로는 '사고', '반성적 사고', '과학', '과학적 방법', '반성적 방법', '반성적 지성', '창조적 지성' 등이 쓰인다.

듀이는 탐구의 궁극적인 목적을 진리에 도달하는 것으로 보았다. 탐구는 비록 문제해결의 과정이지만, 그 해답은 해결로서만 끝나는 것이 아닌 다음 단계의 탐구과정의 수단이 된다고 하였다. 이러한 탐구방법은 순서가 고정된 것이 아니라, 경우에 따라서 순서가 바뀌거나 단계가 생략될 수도 있으며, 한 단계가 몇 단계로 세분화될 수도 있다. 이후 듀이가 주장한 사고방법은 '문제제기→가설형성→가설검증→결론'의 과정으로 일반화되었으며, 킬패트릭Kilpatrick이 이것을 바탕으로 프로젝트법을 창안하여 교육에 널리 활용하였다. 이 프로젝트법은 '문제제기→계획하기→실행하기→평가하기'의 4단계로 이루어져 있다.

듀이의 탐구이론은 경험 또는 생활중심교육에서 크게 활용되었는데, 그 이유는 학습자를 교육의 주체로 보고 그들의 적극적인 참여와 활동을 강조한 점, 교사 위주의 지식 전달에서 탈피했다는 점, 합리적이고 과학적인 계열을 지녔다는 점 등으로 해석된다.

(2) 브루너의 발견학습

브루너(1966)는 '어떤 교과라도 기본적인 구조를 파악하여 지적 성격에 충실한 형태로 표현하면 어떤 발달단계에 있는 아동에게도 효과적으로 가르칠 수 있다.'라는 가설을 제시하였으며, 이러한 가설의 이론적 근거를 피아제Piaget의 인지발달론에서 찾고 있다. 따라서 어떤 주제의 기본적인 원리로부터 시작하여 점점 숙련되고 성숙된 형태를 취하는 나선형 교육과정을 제시하였다. 이는 지식의 구조를 중시하는 교육과정이라고 할 수 있다.

브루너의 견해를 살펴보면, 매체의 사용은 학습자의 지식의 구조에 적합한 형태로 제시되어야 한다. 학습자는 각각의 단계에서 각자의 독특한 방식으로 세계를 지각하고 이해하므로, 특정한 연령층의 학습자에게 교과를 가르치는 문제는 곧 그 학습자의 지각방식에 알맞도록 해석하는 문제이다. 즉, 학습자의 발달단계에 맞게 학습내용을 구조화하고 조직하여야 학습자가 교과내용을 잘 이해할 수 있는 것이다. 이것이 브루너가 말하는 발견학습의 핵심인 '구조'이며, 지식의 구조는 어떤 학문 분야에 포함되어 있는 기본적인 사실, 개념, 명제, 원리, 법칙 등을 통합적으로 체계화한 것을 말한다. 지식의 구조는 행동적, 영상적, 상징적 표상 등 세 가지로 표현된다.

① 행동적 학습단계: 직접적인 체험을 통하여 행동적으로 표상되는 지식을 경험하는 것

② 영상적 학습단계: 그림이나 영상을 통하여 영상적으로 표현된 지식을 관찰함으로써 경험하는 것
③ 상징적 학습단계: 문자나 언어와 같은 상징체계를 통하여 지식을 습득하는 것

브루너는 지식의 구조를 이해하게 되면 학습자가 스스로 사고를 진행할 수 있으며, 머릿속에 최소한의 지식을 소유하면서도 많은 것을 알 수 있게 된다고 주장하였다. 따라서 교육목표 역시 어떤 사실을 발견하기까지의 사고과정과 탐구기능을 중요시해야 한다고 강조하였다. 또한 이와 같은 관점에서 바라볼 때 교수자는 수업과정에서 학습자에게 직접적인 경험이나 활동의 영상적 표현, 상징적 표현을 통하여 수업을 전개해야 한다.

다음으로 발견학습이론은 어떤 문제가 학습자에게 보이는 지각적 특성이 학습조건에 중요하다고 보기 때문에, 그 문제의 본질적 속성의 구조화에 따라 다양한 매체의 특성을 제시하여 학습조건을 강화할 수 있다. 학습자가 사용하는 매체는 경험의 범위를 확장하고, 학습내용에 내재해 있는 구조를 이해하도록 도와주며, 학습내용을 극적으로 강조하는 기능이 있다. 여기에서 '학습내용에 내재해 있는 구조'를 제시하고 있다는 점은 발견학습이론의 핵심인 지식의 구조를 파악하는 데 기여할 수 있음을 나타낸다. 이는 매체가 지식의 구조에 적합한 형태로 제시될 필요성을 말해 준다. 브루너는 매체들은 교과과정 구성의 계획단계에서 교과과정의 목표를 달성하기 위해 체제 내의 각 구성요소와 통합적으로 배열되어야 한다고 강조하였다. 즉, 교육과정의 목표와 그것을 달성하기 위하여 매체의 사용방법이 모색되어야 한다는 것이다.

앞서 말한 것 외에도 브루너의 발견학습이론의 특징은 지식의 구조는 단순화된 전체에서 복잡한 전체로 나아간다는 것, 이해를 통한 학습이 기계적 학습보다 영구적이고 전이 가능성이 높다는 것 등이 있다.

표 2-24. 듀이와 브루너의 인식방법과 교육방법

구분	듀이	브루너
인식방법	• 암시 • 지성화 • 가설 • 추리 • 검증	• 문제인식 • 가설설정 • 가설검증 • 결론
교육방법	• 문제 • 가설 • 검증 • 결론	• 문제 • 가설 • 검증 • 결론 • 탐구과정의 분석

이를 통해 듀이와 브루너의 인식방법과 교육방법의 공통점은 암기나 기억에 의존하는 것이 아니라, 학생들의 능동적인 지적 활동인 '탐구'를 강조하고 있다는 점을 알 수 있다.

(3) 마시알라스의 탐구교수이론

마시알라스Massialas의 탐구교수이론은 듀이의 반성적 사고과정을 중시하는 학습지도방법으로, 교수·학습에 가설을 많이 사용하여 검증 및 평가해나가는 과정을 말한다. 사회탐구에 내용이 집중되었지만, 1960년대 미국에서 개발되어 가장 크게 영향력을 미친 교수이론이다. 그의 교수모형은 실제 학교에서 사회과교수를 통하여 효과가 입증되었고, 그에 대한 사회과교수 자료는 현재도 미국 초·중등학교에서 광범위하게 사용되고 있다.

마시알라스는 교육에서의 탐구란 발견의 과정이고 표현하는 과정이며, 사람과 환경에 대한 판단과 아이디어들을 검사하는 과정이기 때문에, 제기된 문제를 해결하기 위해 세운 어떤 가정을 준거에 따라 평가하고 검증해가는 과정을 제시하였다. 마시알라스는 탐구를 위한 구체적인 교수과정을 '안내-가설-정의-탐색-증거제시-일반화'의 6단계로 나누었다. 각 단계의 활동내용은 다음과 같다.

① 안내: 학생과 교사가 모두 현안 문제에 대해 인식한다. 현안 문제는 교과서 또는 별도의 자료를 통해 제공한다.

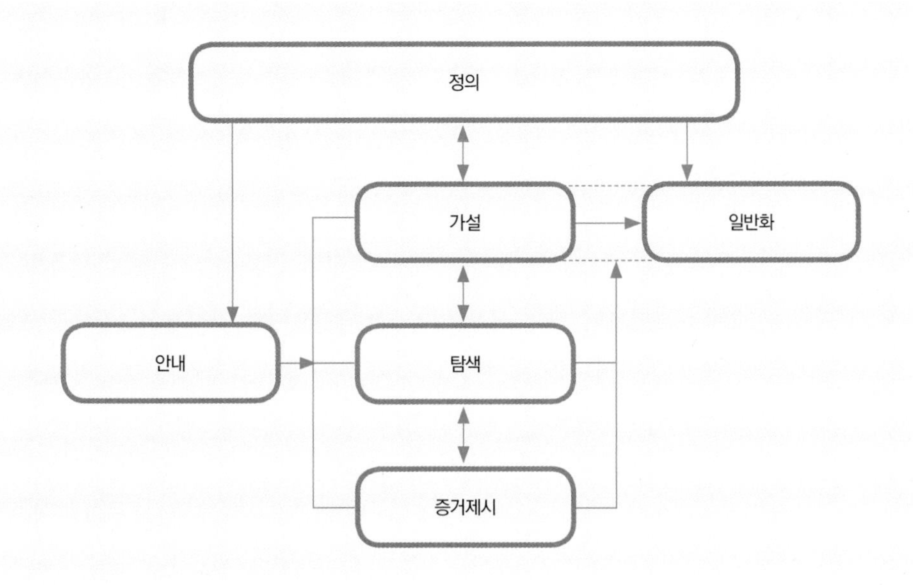

그림 2-9. 마시알라스의 사회탐구모형

② 가설: 가설은 일반적인 용어로 요소와 관계를 재기술함으로써 특수한 용어를 쓰는 것은 되도록 피하는 설명이다. 실험과정 전에 교사와 학생은 모호함을 없애고 토론을 위해 가설에 쓰이는 모든 용어를 명료화하고 정의한다.

③ 정의: 용어의 의미에 대한 견해를 일치시키는 것은 탐구의 대화과정에서 중요하다. 만약 가설의 단계에서 쓰이는 용어의 뜻이 뚜렷하게 밝혀지지 않으면 그 용어는 교사와 학생에게 다른 의미를 전달함으로써 탐구의 전개를 방해한다.

④ 탐색: 안내와 가설은 그 성질상 귀납적이기 쉬우며 탐색 단계는 연역적이기 쉽다. 논리적인 연역, 암시, 가정, 전제에 의하여 가설이 더 신중하게 설명된다. 이러한 암시의 진술은 가설을 입증하기 위한 증거를 찾는 데 직접적인 도움이 된다.

⑤ 증거제시: 암시를 입증하기 위해서는 충분한 자료가 제시되어야 하며, 그 자료는 시간과 공간을 초월하여 타당도를 입증받아야 한다. 어느 경우에나 탐구분석의 최종 결과는 증거에 의해 입증되는 결론이나 일반화의 도달에 있다.

⑥ 일반화: 탐구과정의 결론은 설명적·인과적·상관적·실용적 일반화의 표현이다. 이 진술은 입수할 수 있는 증거에 기반한 문제에 대한 가장 적절한 해결책이다.

그러나 일반화는 절대적인 것이 아니라 일시적인 것이며, 최종적인 진리를 대표하는 것이 아니다.

(4) 가설검증학습모형

가설검증학습모형은 탐구학습모형 학습활동 중에 가설검증과정이 포함되어 학습자가 스스로 탐구과정을 사용하여 새로운 지식을 얻거나 문제를 해결하는 활동으로, 과학 분야의 교과수업에 많이 활용된다. 학습자 자신의 지식을 실제적 활동과 문제해결과정에 적용하여 의미를 만들고 토의를 통하여 공유하는 활동이라고 할 수 있는데, 일반적으로 탐구하는 데 필요한 기능이나 요소를 '탐구과정'이라고 한다.

탐구과정에는 정보를 얻고 이해하며, 정보를 사용하는 요소가 포함되어 있어 탐구과정에서 학생의 기존 지식이 크게 영향을 끼친다는 것을 고려해야 한다. 또한 탐구과정을 통해 탐구능력뿐만 아니라 개념을 습득하고 활동을 이해하게 된다.

가설검증학습의 특징은 첫째, 가설검증학습모형은 개념과 탐구기능을 종합적으로 적용한다는 점에서, 실제적 활동의 검증실험이나 열린 탐구와 유사하다. 초등학교 저학년보다는 고학년 이후부터 적용할 수 있으며, 비교적 많은 시간과 토의가 필요한 상위 수준의 모형이다. 둘째, 가설 연역적인 순환학습과 유사하여 '만일 ~라면, ~일 것이다.'라는 내용을 검사할 때 수업에 적용할 수 있는 모형이다.

① 탐색 및 문제제기 단계: 관찰 및 자료 탐색을 통하여 문제를 파악하는 단계로, 관찰은 과학적 방법에서 대단히 중요하다. 관찰에 의해서 문제를 파악하고 일반화가 가능하며, 문제해결을 위한 가설을 설정할 수 있다. 탐구문제는 스스로 활동하고 자료를 탐구하여 해결할 수 있어야 하고, 실제 탐구가 가능해야 한다.

② 가설설정: 제기된 문제에 대해 잠정적 결론, 즉 가설을 설정한다. 가설 제안에 과학적이고 합리적인 근거가 있어야 하고, 검증 가능해야 한다.

③ 실험설계: 가설을 검증하기 위해 변인의 종류와 통제방법, 사용기구와 과정에 대해 계획을 세우는 단계이다. 여러 독립변인 중 '하나만' 변화시키고, 다른 변인들은 통제변인으로 일정하게 유지해야 한다.

변인의 종류

- 조작변인: 실험의 가설을 검증하기 위해 인위적인 조작을 가하는 변인
- 통제변인: 정확한 실험결과를 얻기 위해서 실험의 나머지 조건들은 동일하게 유지시키는 것
- 종속변인: 조작변인을 변화시켰을 때 변하는 변인으로, 실험을 통해 관찰하려는 결과

④ 실험: 생각한 변인을 통제하면서 관찰, 분류, 측정, 기록하여 데이터를 얻는다.

⑤ 자료해석 및 가설검증: 실험결과를 정리하고, 자료변환, 추리, 자료해석, 측정값 수식화 등을 통해 가설의 진위 여부를 검증한다.

⑥ 결론 및 일반화: 검증된 가설을 바탕으로 학습문제와 관련된 결론을 내리고, 결론을 새로운 문제상황에 적용하여 설명하고 응용하는 단계이다. 이를 통해 새로운 문제를 발견할 수 있다.

표 2-25. 순환학습[5], 발견학습, 가설검증학습의 비교

구분		순환학습	발견학습	가설검증학습
주요 지도 목적		개념을 습득하고 확실하게 다듬기	개념, 법칙 및 원리를 발견하거나 획득하기	개념과 탐구과정을 종합적으로 적용하기
주요 학습 성과	개념적 이해	개념습득 및 적용	개념습득	개념적용
	과정적 이해	기능습득	추리 및 일반화	통합 탐구과정

5 순환학습: 순환학습모형은 기본적 '과학 개념의 획득'과 '탐구능력의 발달'이라는 두 가지 목표를 달성하기 위해 도입되었으며, '탐색–개념 도입–개념 적용'의 단계를 거친다.

<table>
<tr><td>대단원명</td><td>가족의 생활과 안전</td><td>중단원명</td><td colspan="2">가족의 건강하고 안전한 식생활</td><td>차시</td><td>3차시</td></tr>
<tr><td>성취기준</td><td colspan="6">[9기가02-10] 가족의 건강과 환경을 고려한 식품 선택의 중요성을 이해하고, 식품을 안전하게 관리하고 보관하는 방법을 탐색하여 실생활에 활용한다.</td></tr>
<tr><td>본시
학습목표</td><td colspan="6">• 가족의 건강과 환경을 고려한 식품 선택의 중요성을 설명할 수 있다.
• 대체감미료의 종류와 특징에 대해 알고 선택할 수 있다.</td></tr>
<tr><td>학습자료</td><td colspan="2">수크랄로스, 에리스리톨, 스테비아, 아스파탐, 알룰로스, 설탕, 당도계, 유리막대, 미세저울, 실린더, 비커 등</td><td>학습모형
(수업방법)</td><td colspan="3">가설검증학습모형</td></tr>
</table>

<table>
<tr><td colspan="2">학습단계</td><td rowspan="2">교수·학습활동</td></tr>
<tr><td>단계</td><td>과정</td></tr>
<tr><td>도입</td><td>■ 전시학습 확인

■ 학습목표 제시

■ 탐색 및 문제 인식</td><td>▶ 인사
▶ 전시학습 확인
▶ 본시 학습주제와 학습형태(탐구학습모형)에 대한 안내
▶ 학습목표 제시
• 가족의 건강과 환경을 고려한 식품선택의 중요성을 설명할 수 있다.
• 대체감미료의 종류와 특징에 대해 알고 선택할 수 있다.
▶ 탐색 및 문제 인식
• 문제를 인식할 수 있도록 질문한다.
- 설탕이 들어가지 않은 제로 음료는 왜 단맛이 날까?
- 설탕이 아닌데 단맛을 내는 물질이 있을까?</td></tr>
<tr><td>전개</td><td>■ 가설설정

■ 실험설계</td><td>▶ 가설설정
• 제기된 문제에 대한 잠정적인 해답, 즉 가설을 설정할 수 있도록 한다.
- 단맛을 내는 대체감미료는 당이다.
▶ 변인 확인, 변인 통제방법과 실험계획 수립
• 실험에서 같게 할 조건과 다르게 할 조건을 토의한다.
- 조작변인: 용매의 종류
- 통제변인: 용액의 양, 용액의 농도
• 실험과정을 설계한다.
• 실험을 통해 문제를 해결할 수 있도록 한다.
• 실험 시 주의점을 공지한다.
- 농도가 일정해야 하므로 계량에 유의한다.
- 감각평가 시 시료가 바뀔 때마다 입을 물로 헹군다.
- 당도계는 사용하고 시료를 닦아낸 후 측정한다.
- 당도의 단위(Brix)와 당도계에 표시되는 퍼센트(%)를 설명한다.
• 실험과정
실험 1. 유리막대에 시료를 찍어 감각평가를 통해 상대적 당도를 비교한다.
- 시료의 이름은 가리고, 알파벳 기호로 표시한다.
실험 2. 당도계를 통해 당도를 측정한다.
- 물 10mL에 시료 0.2g을 넣고 잘 섞는다. → 측정오류가 생길 수 있으므로 당도를 3회 측정한다.</td></tr>
</table>

(계속)

<table>
<tr><th colspan="2">학습단계</th><th rowspan="2">교수·학습활동</th></tr>
<tr><th>단계</th><th>과정</th></tr>
<tr><td rowspan="3">전개</td><td>■ 실험수행</td><td>▶ 자료수집 및 처리: 실제 실험을 통해 실험자료수집
• 자료수집을 위한 실험설계단계에서 계획한 대로 실험을 실시한다.
• 실험수행
- 준비물: 수크랄로스, 에리스리톨, 스테비아, 아스파탐, 알룰로스, 설탕, 당도계, 유리막대, 미세저울, 실린더, 비커 등
- 변인통제를 잘하고 있는지 관찰하여 실험이 계획대로 잘 이루어지도록 지도한다.
- 조별 실험과정을 지켜보면서 질문을 통해 지도한다.
• 실험과정
- 모둠별로 실험을 진행한다.
〈실험 1〉 유리막대에 시료를 찍어 감각검사를 통해 상대적 당도를 비교한다.
- 시료의 이름은 가리고, 알파벳 기호(A~F)로 표시한다.
당도 낮음 ◀─[ ]─[ ]─[ ]─[ ]─[ ]─[ ]─▶ 당도 높음
〈실험 2〉 당도계로 당도를 측정한다.
- 물 10mL에 시료 0.2g을 넣어 잘 섞는다. → 당도를 3회 측정한다.
- 당도계는 사용하고 시료를 닦아낸 후 측정한다.
- 측정오류가 생길 수 있으므로 같은 시료를 3회 측정한다.
<table>
<tr><th>시료</th><th>1차</th><th>2차</th><th>3차</th></tr>
<tr><td>수크랄로스</td><td>Brix</td><td>Brix</td><td>Brix</td></tr>
<tr><td>에리스리톨</td><td>Brix</td><td>Brix</td><td>Brix</td></tr>
<tr><td>스테비아</td><td>Brix</td><td>Brix</td><td>Brix</td></tr>
<tr><td>아스파탐</td><td>Brix</td><td>Brix</td><td>Brix</td></tr>
<tr><td>알룰로스</td><td>Brix</td><td>Brix</td><td>Brix</td></tr>
<tr><td>설탕</td><td>Brix</td><td>Brix</td><td>Brix</td></tr>
</table></td></tr>
<tr><td>■ 자료 해석 및 가설 검증</td><td>▶ 자료 해석 및 가설 검증
• 실험에서 얻은 결과를 정리한다(활동지 작성).
- 실험결과 자료 해석: (실험 1) 대체감미료는 단맛을 낸다.
(실험 2) 대체감미료 모두 당도가 측정되지 않는다.
• 설정한 가설의 타당성 여부를 토의한다.
- 가설 검증: 대체감미료는 단맛을 내지만, 당은 아니다.</td></tr>
<tr><td>■ 결론 및 일반화</td><td>▶ 잠정적인 결론 및 일반화
• 처음에 가정했던 결과와 일치했나?
- 일치하지 않는다.
• 일치하지 않았다면, 그 이유가 무엇일까?
- 식품첨가물로 분류되는 대체감미료는 단맛을 내지만, 당은 아니기 때문이다.</td></tr>
<tr><td rowspan="2">정리</td><td>■ 정리</td><td>▶ 실생활 적용
대체감미료는 당이 아니므로 혈당수치를 올리지 않아, 당을 제한해야 하는 당뇨병환자 등에게 적절히 사용할 수 있다. 각 감미료별 특징과 사용량이 다르므로 필요에 따라 선택할 수 있다.
▶ 내용 정리
수크랄로스, 에리스리톨, 스테비아, 아스파탐, 알룰로스의 특징을 정리한다.</td></tr>
<tr><td>■ 차시 예고</td><td>▶ 다음 차시 예고</td></tr>
</table>

5. 가정과교육의 협동학습

1) 협동학습의 배경

교육의 개념이 각자 소유하고 있는 다양한 적성과 능력을 발견하여 이를 최대한으로 신장시켜 주는 것으로 규정되어 왔기 때문에, 교육목표나 내용, 방법 등에 관한 연구에서도 이러한 개인주의를 토대로 개별학습이나 경쟁학습이 강조되어 왔다. 경쟁학습은 학습자들이 서로 대립적으로 활동하여 학습자 중 일부만이 목표에 도달할 수 있는 학습조직형태다. 성취동기이론은 경쟁학습의 부정적 측면을 지적한다. 이 이론에 따르면, 만성적으로 실패를 경험하는 학습자들은 실패 회피의 경향을 띠게 되므로 학습에 소극적으로 임하게 된다. 또한 지나친 경쟁 상황은 학습자를 불안하게 하여 지적 요구 강도를 상대적으로 약화한다.

개별화수업이론 역시 그동안의 공헌에도 불구하고 여러 면에서 비판적 견해가 제시되었다. 현실적으로 다인수 학급에서 개별화수업체제의 적용 가능 여부와 학생들 간 상호작용의 제한에 따른 부정적 측면 등이 있다. 교수자와 학습자의 비율이 같지 않다면 이상적인 개별화수업은 불가능하다.

오늘날 학교교육은 경쟁적이고 관료적인 구조 속에서 인간적 관계보다는 비인간적 관계가 확산되어 있다는 점에서, 경쟁학습이나 개별화수업은 이를 해소하기 위한 방법이 되지 못한다. 따라서 학급의 경쟁적 학습구조를 협동적 구조로 전환할 필요가 있다. 다만, 경쟁학습이나 개별학습을 모두 배척하지 않고, 목적 성취를 위해 협동학습과정에서 경쟁학습을 적절히 활용하는 것이 바람직하다. 최근 교실을 복잡한 사회체계로 간주하는 연구들이 이루어지고 있다. 인간은 사회생활을 하는데 협동 없이는 공동생활을 영위할 수 없다. 그러므로 학교학습에서 동료 간에 상호작용을 하는 협동학습은 교육이 삶 자체라는 점에서 중요하다. 협동학습을 통한 상호작용은 동료 간의 우정, 서로에 대한 적극적인 태도, 다른 사람에 대한 책임감, 타인에 대한 존경심을 높인다. 또한 협동학습에서는 모든 집단구성원이 그 집단의 학습목표를 달성하는 데 다 같이 기여하기 때문에 각자 상당한 성공경험을 하게 된다. 이러한 성공경험은 학습태도 및 학습동기를 유발하는 데 기여한다.

협동학습에 대한 가장 큰 오해는 중 하나는 '협동학습'과 '전통적인 소집단학습'을 혼돈하는 것이다. 전통적인 소집단학습은 '구조화되지 않은 소집단활동'을 말하며, **표 2-26**과 같이 '협동학습'과는 구별된다.

표 2-26. 전통적인 소집단학습과 협동학습의 비교

전통적 소집단학습	협동학습
• 상호 의존성이 없음 • 개별책무성이 없음 • 구성원의 동질성 • 한 사람이 지도자가 됨 • 자신에 대해서만 책임을 짐 • 과제만 강조 • 사회적 기능을 배우지 않음 • 교사는 집단의 기능을 무시함 • 집단과정이 없음	• 긍정적 상호 의존성 • 개별책무성이 있음 • 구성원의 이질성 • 공유하는 지도력 • 서로에 대한 책임을 공유함 • 과제와 구성원과의 관계지속성 강조 • 사회적 기능을 직접 배움 • 교사의 관찰과 개입 • 집단과정이 있음

2) 협동학습의 개념

협동학습cooperative learning은 학습자들이 각자 역할을 맡아서 서로 돕거나 힘을 모아 함께 공부하는 방법을 말한다(Eggen & Kauchak, 2000). 협동학습은 학습능력이 다른 학습자들이 동일한 학습목표를 위해 소그룹 안에서 함께 활동하는 수업방식(Slavin, 1987), 모든 학습자가 명확하게 할당된 공동과제(collective task)에 참여할 수 있는 소집단에서 함께 학습하는 것(Cohen, 1994)으로 정의하였다. 따라서 협동학습은 소집단의 구성원들이 공동으로 노력하여 주어진 목표와 과제를 성취해나가는 수업방식이라고 할 수 있다. 협동학습과 협력학습collaborated learning은 공동의 목표를 추구한다는 점이 유사하지만, 개념이나 구조적인 특성에서는 협동학습은 개인과 공동의 책임을 분리하고 있으며, 협력학습은 공동의 책임만을 강조한다는 점에서 약간 다른 의미가 있다(강인구, 2003).

협동학습을 실행하기 위해 그룹의 모든 멤버가 각 요소를 숙달하거나, 그룹에 할당된 몫을 달성하는 데 기여해야 한다. 이를 통해 학습자들이 함께 활동하면서 그들의 생각을 설명하고 아이디어를 공유하는 범위에서 사회적·인지적인 기술들을 향상시킬 수 있다(McManus & Gettinger, 1996). 협동학습은 현재 다양한 학습과 적응이 필요한 범위의 학습자들을 포함하여 모든 학습자를 위해 긍정적인 학습 결과를 증진하는 중요한 교수·학습전략으로 받아들여지고 있다(Johnson & Johnson, 2002 ; Slavin, 1995).

3) 협동학습의 적용과정

협동학습이 이루어지는 과정(**그림 2-10**)에서 학습자들은 그룹과제를 해결하고 새로운 것을 이해하기 위해 함께 모여 활동할 기회를 가지며, 그들은 그룹의 목적을 위해 각자의 학습을 지지하고 돕는 능력을 발달시킨다(Gillies & Ashman, 1998). 이 과정을 통해 학습자는 다른 학습자의 도움의 요청에 대한 격려, 정보, 자극, 재인을 제공하거나 도움에 대한 필요를 지각한다. 또래들은 종종 교수자들보다 더 쉽게 이해할 수 있는 방식으로 설명하며, 학습자의 입장에서 문제의 관련 특징을 파악하기 때문에 성인의 도움보다 더 효율적인 도움을 주고받게 된다(Webb & Farivar, 1994). 이러한 상호작용은 도움을 주고받는 학습자들에게 모두 이익이 된다. 도움을 받는 학습자는 그들이 이전에 사고해 보지 않은 주제를 사고하는 새로운 방식을 배우기 때문

그림 2-10. 협동학습의 적용과정

에 이득이 되며, 도움을 주는 학습자는 그들이 다른 학습자들에게 생각을 설명하고 정의할 때 이전보다 생각과 개념을 보다 더 명확하게 하고 재조직하면서 이득을 얻는다. 결국 이러한 과정을 거치는 것이 학습자들의 학습수행에 긍정적인 영향을 미친다(King, 1999).

4) 협동학습의 기본원리

협동학습의 목표는 학생들이 그룹에서 리더십과 책임감을 배우고 동등하고 활동적으로 참여하며, 학생들 사이에서 학습적 협동을 기르고 학습적 성취를 높이며 자아개념을 발달시키는 것이다(McManus & Gettinger, 1996). 학자들이 정의한 협동학습의 특징들을 살펴보면, 슬래빈Slavin(1995)은 그 본질적인 특징으로 협동적 그룹목표와 개별책무성을 들고 있으며, 코헨Cohen(1994)은 그룹과제, 책무성, 그룹과제를 수행하기 위한 학생들 간의 상호 의존성의 정도를 특징으로 들고 있다. 그리고 존슨과 존슨Jonson & Johnson(1999)은 협동학습의 다섯 가지 구성요소로 상호 의존성, 학생들 간 격려적 상호작용, 그룹에 대한 개인책무성, 사회적 기술과 소그룹 기술 및 구성원들이 그들의 숙달을 평가하는 것과 그룹의 진행과정에서 결정을 내리는 것을 제시하고 있다.

(1) 긍정적 상호 의존성

집단구성원은 상호 의존성을 가지고 과제를 수행한다. '다른 사람의 성과가 나에게 도움이 되고, 나의 성과가 다른 사람에게 도움이 되게 하여 각자가 서로 의지하는 관계로 만드는 것'이다. 협동학습은 공동의 학습목표를 이루기 위해 함께 학습하도록 하는 것이며, 이를 위해 학습자가 서로 협동하지 않으면 학습목표나 과제 자체를 이룰 수 없도록 의도적으로 구조화한다.

(2) 면대면을 통한 상호작용

집단구성원이 서로 얼굴을 마주 대하며 관심을 가지고 서로 개방적이며 허용적인 태도를 보여주어 심리적으로도 일체감을 느끼는 것이 필요하다. 이와 같은 상호작용을 통해 학습자는 서로 효율적으로 도움을 나눌 수 있으며 학습과제를 신속하고 정확하게 완성할 수 있다. 또한 서로 믿고 격려함으로써 학습동기도 높아지고 불안감도 해소된다.

(3) 개인적인 책임

집단구성원 각자의 수행이 집단 전체의 수행결과에 영향을 주고, 집단 전체의 수행은 구성원 각자의 수행에 다시 영향을 주는 서로 간의 책무성이 필요하다. 책무성은 집단점수와 개인점수를 병행하는 방법을 통해 확인한다.

(4) 사회적 기술

집단 내의 상호작용은 집단구성원 간에 관계를 원만하게 하므로 지적인 측면뿐만 아니라 정의적 측면에서도 긍정적이다. 또한 문제해결과정에서 청취하기, 돌아가며 의견 얘기하기, 도움주기, 칭찬하기 등의 사회적 기술을 배우고 서로를 신뢰하고 의지하게 되며, 의사소통기술을 발달시킨다. 이와 같은 사회적 인간관계를 통한 협동학습은 개별학습이나 강의식 수업에서는 얻을 수 없는 장점이다.

(5) 집단의 과정화

집단구성원 모두가 적극적으로 학습활동에 참여하는 과정을 통해 협동학습에서 요구되는 원칙과 기술을 익혀야 한다. 또한 모든 협동학습에서 '일벌레'나 '무임승차'가 생기지 않도록 과제 달성과 관련된 모든 임무를 세분화하여 모든 구성원이 각자의 역할을 수행할 수 있도록 한다. 동시에 팀 간의 경쟁을 활용하면 소집단 내 구성원의 유대관계를 효과적으로 증대할 수 있다.

5) 협동학습의 장단점

협동학습은 현대 교육에서 중요한 역할을 하고 있으며, 학습자들의 참여와 협력을 촉진하고 효과적인 학습경험을 제공한다. 하지만 단점도 있기 때문에 교수자는 장단점을 충분히 고려하여 학습계획을 수립해야 한다.

표 2-27. 협동학습의 장단점

장점	단점
• 사회적응을 위한 협동기술과 지식 습득 • 혼자 학습하는 경우보다 효율적으로 더 많은 양의 학습 가능 • 혼자 시도하기 어려운 일을 다수의 구성원으로 해내다보면 자신감이 생겨 과제를 도전하는 데 필요한 적절한 기질, 성향, 태도 등이 개발됨 • 다른 학습자들의 학습방법을 관찰하고 배울 기회가 주어짐 • 도움을 요청하고 정보를 얻어내며 활용하기 위하여 필요한 어휘력, 친화력 등 다양한 하위기술들을 배우게 됨 • 무슨 일이든 함께 해결하고 그 결과에 보람을 느끼는 협력적 태도를 형성하게 됨 • 집단활동을 통해 자신과 타인에 대해 더 깊게 이해하게 됨 • 집단학습활동을 통해 학습자들이 자신의 자원을 스스로 관리하고 통제하는 방법을 배우게 됨	• 어떤 일을 수행할 때 과정보다는 결과를 중시하는 버릇이 생길 수 있음 • 집단 내에서 특정 학습자나 리더가 잘못 이해하고 있을 때, 다른 사람들이 그것을 그대로 따라갈 우려가 있음. 이 경우 잘못된 이해가 더욱 강화되는 경향이 있음 • 집단과정을 학습과정이나 학습목표보다 더 소중하게 생각하는 경향이 생길 수 있음 • 학습자들이 교수자에게 의존하는 경향이 감소하는 대신 또래에게 의존하는 경향이 높아질 수 있음 • 소집단 내에서 개인의 능력과 배경 등 다양한 요소에 의해 서로 다른 대우를 받을 수 있음 • 소집단 내에서 또래들에 비해 능력이 다소 떨어지는 학습자는 상호작용의 기회를 상실하여 자아존중감이 손상될 수 있음 • 유능한 학습자가 모든 것을 알면서도 일부러 집단활동에 동참하지 않거나 기여하지 않는 경우도 있음 • 자기가 속한 집단구성원에게 호감을 느끼고, 상대 집단에게 적대감을 가질 수 있음

6) 협동학습의 유형

(1) 직소모형

직소Jigsaw모형은 1978년 미국 텍사스 대학의 아론슨Aaronson과 그의 동료들이 개발한 협동학습모형이다(Aronson et al., 1978). '직소Jigsaw'라는 이름은 모집단이 전문가 집단expert team으로 갈라졌다가 다시 모집단으로 돌아오는 모습이 마치 직소퍼즐Jigsaw puzzle(조각난 그림 끼워 맞추기)과 같다고 하여 붙여졌다. 직소모형절차는 다음과 같다.

① 학습자들은 5~6명의 이질적인 집단으로 구성하고, 학습할 단원을 집단구성원의 수대로 나누어 각 구성원에게 한 부분씩 할당한다.

② 각 부분을 담당한 학습자들이 따로 모여 전문가 집단을 형성하여 분담된 내용을 토의하고 학습한 후 집단구성원들에게 가르친다.

③ 단원학습이 끝난 후 학습자들은 시험을 보고 개인의 성적대로 점수를 받는다. 그 시험점수는 개인 등급에만 기여하고, 집단점수에는 기여하지 못한다.

이러한 의미에서 직소모형은 개인의 과제 해결의 상호 의존성은 높으나, 보상 의존성이 낮다. 따라서 집단으로서 보상을 받지 못하기 때문에 형식적인 집단목표가 없다. 그러나 각 집단구성원의 적극적인 행동이 다른 집단구성원이 보상받도록 도와주기 때문에 협동적 보상구조의 본질적 역동성은 존재한다. 직소모형은 집단 내의 동료에게 배우고 동료를 가르치는 모형이다. 이 모형은 보상구조를 통해서가 아니라, 학습과제의 분담, 즉 작업분담구조를 통해서 집단구성원 간의 상호 의존성과 협동심을 유발한다.

슬래빈(1978)은 직소모형을 수정하여 직소 Ⅱ 모형을 제시하였다. 직소 Ⅱ 모형은 모든 학습자가 전체 학습자료와 과제 전체를 읽되 특별히 관심 있는 주제를 선택한다. 그 후, 동일한 주제를 선택한 학습자끼리 모여 전문가 집단을 구성하여 해당 주제를 철저히 공부한 후 자신의 팀으로 돌아가서 다른 학습자에게 가르치는 것이다. 이 모형은 직소 Ⅰ 모형과 달리 인지적·정의적 학업성취의 영역에서 전통적 수업보다 효과적이라는 장점이 있다. 이 모형에서 교수자의 주요 역할은 세분화될

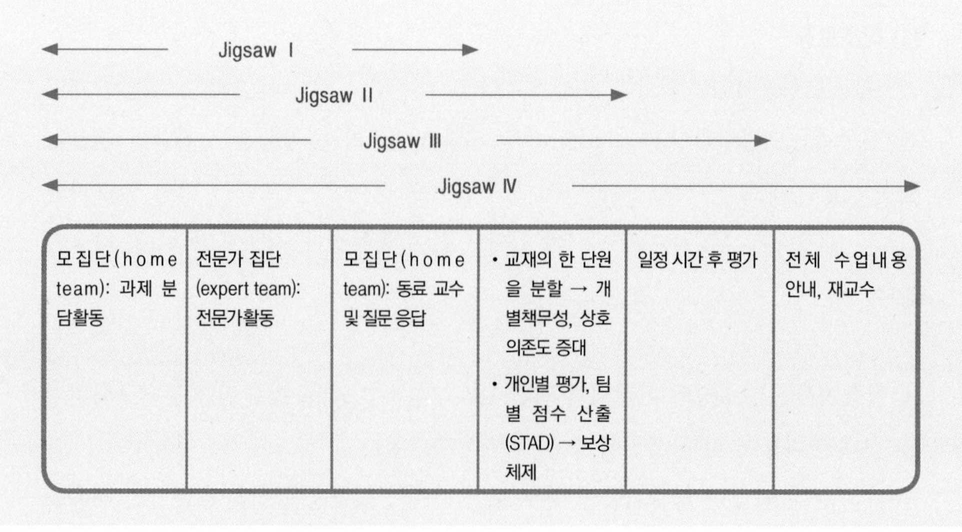

그림 2-11. 직소(Jigsaw)수업모형의 발달과정

수 있는 학습과제를 선정하는 것이다.

직소 Ⅲ 모형은 스타인브링크와 스탤Steinbrink & Stahl(1994)이 직소 Ⅱ 모형을 수정한 것으로, 모집단 학습을 마친 후 곧바로 시험을 보기 때문에 학습정리할 시간이 충분하지 않고, 마음의 준비를 할 여유가 없는 것이 문제점으로 지적되면서 시험에 대비하여 모집단 학습기회를 추가한 모형이다.

(2) 성취과제 분담학습

성취과제 분담학습은 슬래빈(1978)이 개발한 협동학습모형으로서 주로 초·중·고등학교 수학과목에 이용된다. 학습자들은 4~5명으로 구성된 학습팀을 조직하게 되는데, 각 팀은 전체 학급의 축소판처럼 학습능력이 높은 학습자, 중간인 학습자, 낮은 학습자의 이질적인 학습자들로 구성된다.

매주 교수자는 강의나 토론으로 새 단원을 소개하고, 각 팀은 연습문제지를 짝을 지어 풀기도 하고, 서로 질문하고 토의하면서 그 단원을 학습한다. 연습문제에 대한 해답도 주어지므로, 학습자들은 학습의 목적이 학습의 목적이 단순히 문제지를 채우는 것이 아니라, 개념을 이해하는 것임을 명백히 알게 된다. 구성원 모두가 학습내용을 완전히 이해할 때까지 팀 학습이 계속되고, 팀 학습이 끝나면 개별적으로 시험을 본다. 개인은 각자 자신의 시험점수를 받되, 이전까지 자신의 시험 평균 점수를 초과하는 점수는 팀 점수에 기여하게 된다. 성취과제 분담학습모형은 집단 구성원들의 역할이 분담되지 않은 공동학습구조이면서 동시에 개인의 성취가 개별적으로 보상되는 개별보상구조이다. 다시 말해, 개인의 성취에 팀 점수가 가산되고 팀에게 주어지는 집단보상이 추가된 구조이다.

이 모형은 팀경쟁학습모형과 함께 가장 성공적인 실험결과를 보이고 있다. 성취과제 분담모형은 모든 교과목에서 전통적 수업보다 효과적이며, 특히 수학과목에서 매우 효과적인 것으로 나타난다.

(3) 팀경쟁학습

팀경쟁학습모형은 1973년에 드브리스와 에드워드Devries & Edwards가 개발하였다. 성취과제 분담학습과 동일한 팀, 수업방법, 연습문제지를 이용한 협동학습이지만, 차이점은 이 학습모형에서는 게임을 통해 각 팀 간의 경쟁을 유도한다. 집단 간의 토너먼트 게임은 개별학습 성취를 나타내는 게임이며, 매주 최우수 팀이 선정된다. 팀경쟁학습은 초등학교부터 고등학교 수학과목에 적용되어 왔고, 성취과제 분담학습만큼 성공적인 실험결과들이 보고되었다. 이 모형은 공동작업구조이고, 보상구조는 집단 내 협동-집단 외 경쟁구조이다. 팀경쟁학습모형도 성취과제 분담학습모형처럼 전통적 수업에 비해 학업성취 면에서 매우 효과적이다.

(4) 팀보조 개별학습

팀보조 개별학습모형은 1974년에 슬래빈, 매든Madden과 리비Leavey가 개발하였다. 수학과목에 적용하기 위한 협동학습과 개별학습의 혼합모형으로, 4~6명의 이질적인 구성원이 집단을 형성한다. 그들은 프로그램화된 학습자료를 이용하여 개별적인 진단검사를 받은 후 각자의 수준에 맞는 단원을 개별적으로 학습한다. 개별학습 이후 단원 평가문제지를 풀고, 팀 구성원들은 두 명씩 짝을 지어 문제지를 교환하여 채점한다. 여기서 80% 이상의 점수를 받으면 그 단원의 최종적인 개별시험을 보게 된다. 개별 시험점수의 합이 각 팀의 점수가 되고, 목표한 팀 점수를 초과하면 팀이 보상을 받게 된다.

이 모형은 대부분의 협동학습모형이 정해진 학습진도에 따라 이루어지는 것과는 달리, 학습자가 각자의 학습속도에 따라 학습을 진행해나가는 개별학습을 이용한다. 이 모형의 작업구조는 개별작업과 작업분담구조의 혼합이라고 볼 수 있고, 보상구조도 개별보상구조와 협동보상구조의 혼합구조이다.

(5) 집단조사

집단조사모형은 1976년에 이스라엘 텔아비브 대학의 샤란Sharan이 개발하였다. 학생들은 2~6명 정도의 소집단으로 구성되며, 전체에서 학습할 과제를 집단 수에 맞추어 작은 단원으로 세분한다. 각 집단은 맡은 단원의 집단 보고를 하기 위해 토의를 거쳐 각 개인의 작업이나 역할을 정한다. 각 집단별 조사학습 이후 집단은 전체 학급을 대상으로 보고하고, 교사와 학생은 각 집단의 전체 학급에 대한 기여도를 평가하는데, 최종 학업성취에 대한 평가는 개별적인 평가나 집단평가를 한다.

이 모형은 매우 조직적인 성취과제 분담학습이나 팀경쟁학습과는 대조적으로 학습할 과제의 선정에서부터 학습계획, 집단의 조직, 집단과제의 분담, 집단 보고에 이르기까지 학생이 자발적으로 협동하고 논의하는 학습이 진행되는 개방적인 협동학습모형이다. 이 모형의 구조는 작업분담구조와 공동작업구조의 혼합이며, 보상구조도 개별보상 혹은 집단보상 등을 자유로이 선택할 수 있는 구조이다.

(6) 함께 학습하기

함께 학습하기 모형은 1975년에 미국 미네소타 대학의 데이비드 존슨과 로저 존슨이 개발하였다. 5~6명의 이질적인 구성원으로 구성되며, 그들은 과제를 협동적으로 수행한다. 과제는 집단별로 부여되며, 평가도 집단별로 하고 보상도 집단별로 받는다. 시험은 개별적으로 시행하나, 성적은 소속된 집단의 평균점수를 받게 되므로 자기 집단 내의 다른 학생들의 성취 정도가 개인의 성적에 영향을 준다. 경우에 따라서 집단 평균 대신에 집단 내 모든 구성원이 정해진 수준 이상에 도달했을 때, 각 집단구성원에게 보너스 점수를 주기도 한다.

존슨의 방법은 학습자들의 협동 행위를 보상함으로써 협동을 격려하고 조장한다. 협동 행위의 사례를 보면 의견이나 정보교환, 학습과제에 대한 질의응답, 다른 구성원들을 격려하는 말이나 행동, 다른 구성원들의 이해 정도를 확인하는 일이다. 각 집단구성원이 이러한 행위를 모두 수행한 것이 확인되면, 그들에게 보너스 점수를 주기도 한다. 이 모형은 집단구성원들이 관련 자료를 같이 보고 이야기하며, 생각을 교환할 수 있다. 교수자는 학습자들의 상호작용이 이루어지도록 노력한다. 특히, 존슨 방법은 집단토의 및 집단적 결과를 활용하여 목적뿐만 아니라 수단으로서 협동을 강조한다. 그러나 함께 학습하는 방법은 하나의 집단 보고서에 집단보상을 함으로써 '무임승객효과'[6], '봉효과'[7] 같은 사회적 빈둥거림 현상이 나타날 수 있어 상대적으로 다른 협동학습모형보다 효과적이지 못하다.

---

6 무임승객효과(free rider effect): 학습능력이 낮은 학습자가 적극적으로 학습에 참여하지 않고 학습능력이 높은 학습자의 성과를 공유하는 현상을 말한다.

7 봉효과(sucker effect): 학습능력이 높은 학습자가 자신의 노력이 다른 학습자에게 돌아가는 것을 예방하기 위해 소극적으로 학습에 참여하는 현상을 말한다.

대단원명	가정생활 문화와 안전	중단원명	가정생활 문화의 창조와 실천	차시	2차시
성취기준	[12기가02-03] 한옥의 가치와 다른 나라의 주생활 문화를 이해하고 현대 주거생활에서의 활용방안을 탐색하여 건강하고 친환경적인 주생활을 실천한다.				
본시 학습목표	한옥의 구조와 소재의 특징을 분석하여 전통 주거의 우수성을 평가할 수 있다.				
학습자료	교과서, 한옥 사진, PPT 자료, 모둠학습지, 제비뽑기 상자	학습모형 (수업방법)	협동학습 [직소(Jigsaw) Ⅱ 모형]		

학습단계		교수·학습활동
단계	과정	
도입	■ 전시학습 확인 ■ 학습목표 제시	▶ 인사 ▶ 전시학습 확인 ▶ 본시 학습주제와 학습형태(Jigsaw Ⅱ 모형)에 대한 안내 ▶ 학습목표 제시 [한옥의 구조와 소재의 특징을 분석하여 전통 주거의 우수성을 평가할 수 있다.] • 한옥에 대한 배경지식 확인 ▶ 주제 배분 • 교과에서 한 단원을 선택하여 이를 몇 가지 기본 주제로 나눈다. ㉠ 한옥과 친환경적인 주생활 → 재료, 구조, 냉방, 난방
전개	■ 모집단활동	▶ 모둠활동 안내 ▶ 모집단 구성 - 5~6명의 이질적인 집단으로 소집단을 구성하고, 그 집단의 집단명을 정하여 집단에 대한 정체성을 가지도록 한다. ▶ 전문가 용지 배부 - 각 소집단에 각각의 주제가 적혀 있는 전문가 용지를 배부한다. **<전문가 용지>** 주제 1. 한옥의 재료는 무엇이 사용되는가? • 한옥에 쓰이는 재료에 대한 설명 및 특징 • 신분, 계층에 따른 재료의 특징 • 지역에 따른 재료의 특징 주제 2. 한옥의 공간이용의 특성은 어떠한가? • 공간구성(채, 마당) • 신분, 계층에 따른 공간의 분리 • 융통성과 확장성 주제 3. 한옥의 냉방은 어떻게 이루어지는가? • 대청마루 • 일광조절장치로서의 처마 • 앞마당의 열의 대류현상 주제 4. 한옥의 난방은 어떻게 이루어지는가? • 온돌의 구조 • 난방과 취사의 일원화

(계속)

<table>
<tr><th colspan="2">학습단계</th><th rowspan="2">교수·학습활동</th></tr>
<tr><th>단계</th><th>과정</th></tr>
<tr><td rowspan="2">전개</td><td>■ 전문가활동</td><td>▶ 전문가용지를 보고 학습해야 할 소주제로 역할 분담
• 이 주제를 소집단 구성원 각자에게 하나씩 할당하고, 각 주제를 맡은 구성원은 그 주제에 한하여 전문가가 된다.
▶ 전문가 집단활동
• 같은 주제를 맡은 사람들끼리 모여 주제에 대해 토론한다.

<전문가 학습지 - 전문가 집단 3의 학습지>
주제: 한옥의 냉방은 어떻게 이루어지는가?
이 전문가 집단에서 토론해야 될 요지
1. 대청마루의 배치구조와 소재는 어떠한가?
2. 일광조절장치로서의 처마의 기능은 어떠한가?
- 여름과 겨울의 태양의 고도에 따른 기능을 알아보자.
3. 앞마당의 열의 대류현상은 어떠한가?
- 앞마당의 흙, 조경과 대청마루, 뒤란의 공기 흐름을 통해 알아보자.

• 소주제별 해결방법 탐색
• 정리하기
- 전문가 학습지에 요약 및 정리하기</td></tr>
<tr><td>■ 모집단 재소집</td><td>▶ 모집단활동
종합 학습지를 배부한다.
▶ 서로 가르치기
전문가 토론이 끝나면 자신의 소집단에 돌아가서 다른 구성원에게 단원 전체를 학습하게 한다. 각 주제의 전문가들이 되어 돌아온 구성원들이 돌아가면서 자신이 학습한 주제를 다른 동료들에게 가르쳐주는 것이다. 이 과정에서 학생들은 표현하는 기능과 듣는 기능을 익히고, 색다른 학습경험을 하게 될 것이다. 지도교사는 각 전문가가 가르치는 방법을 확인한다.
• 설명을 들으며 종합 학습지에 기록한다.
- 자신이 학습하지 않은 영역은 전적으로 동료 전문가의 지식에 의존할 수밖에 없으므로 학습자는 동료의 가르침을 적극적으로 수용한다.
• 서로 학습 여부 확인하기
- 이해가 안 되는 내용을 질문하고 학습한다.</td></tr>
<tr><td rowspan="3">정리</td><td>■ 퀴즈</td><td>▶ 모집단 학습지를 중심으로 전체 발표
• 학습한 내용을 발표시킨다.
• 부족한 내용이 있을 경우 교사가 보충 설명한다.
▶ 학습주제에 관련된 퀴즈 활동
• 소집단 학습이 끝나면 각 주제에 대한 개인 시험을 치른다.
• 소집단 점수를 공개하고 게시판에 팀의 성적을 공고한다.
• 소집단 점수는 향상 점수에 기초하여 계산된다.
▶ 보상하기
• 결과에 따라 집단과 개인에게 점수나 상품 등으로 보상한다.</td></tr>
<tr><td>■ 정리</td><td>▶ 내용 정리</td></tr>
<tr><td>■ 차시 예고</td><td>▶ 다음 차시 예고</td></tr>
</table>

6. 가정과교육의 토론수업

2007년 개정 교육과정 이후로 학생을 단순히 수업의 참여자가 아닌 수업의 주체로 인식하게 되었으며, 학습자 중심 수업을 위한 다양한 교수·학습방법이 고려되고 실현되고 있다. 이 중 교사와 학생, 학생 상호 간의 대화와 상호작용을 통해 진행되는 토의·토론수업은 학생 참여형 수업으로 강조되고 있다. 2022 개정 교육과정 총론에서도 '학습주제에서 다루는 탐구 질문에 관심과 호기심을 가지고 스스로 문제를 해결하는 학생 참여형 수업을 활성화하며, 토의·토론학습을 통해 자신의 생각을 표현하는 기회를 가질 수 있도록 한다(교육부, 2022).'라고 밝히고 있다.

1) 토론수업의 개념

토의법discussion method은 파커Parker의 회화법에서 시작된 것으로, 학습조직을 획일적으로 고정하지 않는 융통성 있는 집단토론을 통하여 협력적으로 문제를 해결하며, 집단사고를 통하여 합리적인 결론을 이끌어내는 방법이다(오만록, 2012). 즉, 토의수업은 두 사람 이상이 모여 특정한 주제에 관한 어떠한 문제를 해결하기 위해 각자의 의견과 정보를 교환하는 집단적 사고과정과 상호 존중이 전제된 비판적 의사소통을 통한 문제해결과 대안을 모색하는 교수·학습방법이라고 할 수 있다. 토의수업은 개방적인 분위기와 학습자의 자유로운 참여가 수업의 중심이 된다. 따라서 효과적인 토의수업을 위해 교사는 사전에 더욱 체계적이고 짜임새 있는 계획을 세우고 운영해야 한다. 개방적인 분위기와 느슨한 규율이 자칫 학습자에게 잘못된 신호를 줄 수 있으며, 이로 인해 수업이 원활하지 않게 진행될 수 있기 때문이다.

브루너는 교사가 수업을 설계할 때 학생들의 지적 잠재력을 길러주는 것을 의도해야 한다고 설명하였는데(권낙원 역, 2001), 토의법은 이러한 목표를 달성할 수 있는 방법이다. 토의법을 통해 학생들은 단순 지식의 획득뿐만 아니라, 지식을 획득하는 방법 그 자체를 배워나간다. 이 과정을 통해 학생이 스스로 지식을 생성하는 방법을 알게 되며 외적 자원에 의존하지 않고 보다 자유로울 수 있다. 교사는 토의법을 통해 학생들이 교과목의 원리를 이해하도록 가르치는 수준뿐만 아니라, 학생들 스스로 원리를 이해하고 원리를 생성하는 방법을 가르치는 수준까지 가르친다. 학생은 교사와의 접촉이 없어도, 교사가 자신을 가르치고 있지 않는 동안에도 스스로 자신의 지식을 확대하고 얻을 수 있어야 하므로 토의법은 학교교육은 물론 학교교육이 끝난 후에 학생의 인생을 준비하는 데에도 도움이 된다(권낙원 역, 2001).

토론법debate method은 쟁점이 되는 논제에 대하여 서로 대립하는 주장을 가진 참가자들이 정해진 규칙에 따라 각자의 주장을 논리적으로 설득하여 바람직한 결론에 도달하는 과정이다. 이 과정에서 참가자들은 자신의 주장을 정당화하며 상대의 주장을 검증하고 반박하는 과정을 거쳐 이성적이고 합리적인 판단을 내리고자 한다(교육과학기술부, 2011). 토론에 참여하는 사람들은 주제를 공통적으로 인식하지만, 이에 대한 주장과 견해는 서로 다르다. 토의는 주제에 대한 서로의 생각과 정보를 자유롭게 교환하지만, 토론은 다른 주장을 하는 상대를 설득해야 하므로 논리적이고 이성적인 논증의 과정이 필요하며, 일정한 규칙에 따라 모든 참가자가 공정한 논증의 기회를 부여받는다.

그러나 토론의 목적을 단지 서로 주장이 다른 상대방을 설득하는 것이라고 보는 것은 옳지 않다. 이는 토의와 구분하기 위해 토론의 특징을 강조한 설명일 뿐인데 토론의 목적을 상대의 설득이라고 보면 토론의 과정보다는 승패를 다투는 것에 집중하게 되며, 이는 누군가의 의견이 반드시 틀리다는 결과를 낳는다. 그러나 모든 토론의 주제에서 반드시 옳은 의견과 반드시 틀린 의견을 구분 짓는 것은 쉽지 않다. 특히, 가정 교과에서 다루는 주제는 항구적이며 실천적 문제인 경우가 많으므로 찬반의 의견은 존재하지만, 절대적으로 옳은 의견이라고 단정하기 어렵다. 또한 토론에서 옳고 그름, 상대의 설득에만 중점을 두는 것은 자칫 토론과정 자체의 중요성과 그 과정에서 이루어지는 정반합의 가치를 간과하게 할 수 있다.

토의와 토론의 일반적인 차이점은 **표 2-28**과 같이 정리할 수 있다.

표 2-28. 토의와 토론의 비교

구분	토의	토론
주제의 성격	합의가 필요한 주제	선택이 필요한 주제
목적	최선의 결과 도출	대안의 우열을 가림
참석자(2명 이상)	주장이 같아도 됨	주장이 달라야 함
상호작용	정보나 의견 교환	논증과 실증
규칙	규칙이 없거나 느슨함	엄격한 토론 규칙
말하기와 구분	특별한 제한 없음	공평성을 위한 제한
필요한 능력	창의성	논리성

자료: 정문성(2013), 토의·토론 수업방법 56

이렇듯 토의와 토론은 서로 다른 특징을 갖고 있으나, 교수·학습방법을 학교현장에 적용할 때는 엄격하게 구분하기 쉽지 않다. 토론은 넓은 의미로 토의의 일종이기도 하며 때로는 토론의 개념이 느슨하게 적용되어 토의와 같은 개념으로 사용되기도 한다. 주제에 따라 토론으로 시작되었으나, 학습자 간의 상호작용과정에서 모두가 만족하는 합의점을 찾는 과정으로 변질되어 토의로 전환될 수 있다. 토의 진행과정에서 학습자가 자신의 생각을 공고히 하여 토론이 전개될 수도 있기 때문이다. 또한 학교현장에서 토의·토론이 사용되는 본질적인 목적은 다르지 않다. 토의·토론은 모두 학습자가 자신의 생각을 자유롭게 표현하고 논리적으로 전달할 수 있는 기회를 제공한다. 또한 자신과 다른 상대의 의견을 경청하고 존중하며 이런 과정을 통해 궁극적으로 다양한 의견을 합리적인 방향과 방법으로 조율하여 최선의 결정을 내리는 자세를 익히는 데 목적이 있다. 토의·토론은 모두 학교교육과정의 목표와 개별 수업목표를 달성하기 위한 하나의 수단이므로 최근에는 두 가지를 엄밀하게 구분하여 사용하기보다는 '토의·토론'이라는 용어로 사용하기도 한다.

2) 토론의 종류

토론의 유형은 목적과 장소에 따라 크게 자유토론, 교육토론(아카데미 토론), 법정토론으로 나눌 수 있다(이정옥, 2008). 학교현장에서는 주로 교육토론을 활용하고 있으나, 이 토론은 대체로 각 대학이 주최하는 토론형식을 그대로 따른 것이므로 학교현장에 바로 적용하는 것은 적절하지 않다. 학교현장은 시간과 자원이 한정되어 있으며, 교과목의 특성, 학교급, 학교가 속한 지역·사회적 환경, 학습자 특성 등 토론의 변수가 매우 다양하기 때문이다. 어떤 토론형식이든 절대적인 것은 아니므로 교사는 학교현장에 토론을 적용하려면 각 수업의 목적, 대상, 기대하는 교육적 효과 등을 고려하여 토론형식을 융통성 있게 활용할 수 있어야 한다.

(1) 자유토론

가장 일반적인 토론유형으로, 형식과 규칙이 엄격하지 않다. 특징은 첫째, 찬성과 반대의 입장이 엄격하게 구분되지 않는다. 사회자를 중심으로 찬성과 반대로 구분되어 배치되지만, 같은 입장이라도 문제에 대한 시각, 해결방안에 대한 의견이 서로 다를 수 있다. 둘째, '우리나라의 식량주권, 이대로 괜찮은가?(식생활 단원)', 'GMO 식품, 먹어도 되는가?(식생활 단원)', '저출생-고령사회에서 육체노동 가동연한은 몇 세가 적절한가?(가족생활 단원)'처럼 논제가 의문형으로 제시되며 찬반이 드러나는 논제일지라도 토론자들이 자신의 시각에 따라 다양한 의견을 자유롭게 제시할 수 있다. 셋째, 사회자의 역할이 매우 중요하다. 형식과 규칙이 엄격하지 않으므로 사회자는 중립적인 입장에서 토론이 원활하게 진행되도록 이끌어가고, 때로는 토론자를 중재하는 역할을 해야 한다.

(2) 교육토론(아카데미 토론)

토론을 교육하기 위해 만들어진 토론방식으로 토론대회식 토론과 교실토론으로 나눌 수 있다. 교육토론은 자유토론과 달리 찬성과 반대가 분명하게 대립하며, 엄격하게 적용되는 규칙과 형식이 존재하며 토론결과에 따라 승패의 판정이 내려진다.

교육토론의 특징은 첫째, 찬성과 반대의 입장이 분명하게 대립한다. 교육토론은 논리적 사고를 훈련하는 과정이며, 입장이 바뀌어 상대의 논리에 동조하면 토론에서 진 것으로 간주한다. 따라서 처음에 정한 입장을 바꾸지 않으며 여럿이 한 팀으로 구성될 경우 팀 구성원은 같은 입장이나 주장을 갖는다. 둘째, 논제를 명제로 제시한다. 참가자가 자신의 입장을 드러내고 증명하기 위해 논제를 '혼전 동거인에게 법적 배우자와 동일한 지위를 부여해야 한다.(가족생활 단원)'와 같이 완결된 명제로 제시하며, 이때 찬성의 입장이 반영된 명제형으로 제시해야 한다. 셋째, 사회자가 없는 것이 원칙이다. 교육토론에서는 찬반과 승패가 분명하므로 사회자가 개입하면 토론의 공정성을 저해할 수 있어 사회자를 두지 않는다. 사회자가 있더라도 토론의 원활한 진행을 돕는 수준이며, 진행 도우미나 심사위원이 그 역할을 대신하기도 한다. 넷째, 반드시 승패를 가른다. 찬반 팀 중에 어느 팀이 더 논리적으로 주장을 펼쳤는지, 토론의 규칙과 형식을 잘 지켰는지, 상대의 의견을 경청하고 존중하였는지 등을 평가하여 승패를 판정한다.

교실토론에는 '입론, 교차조사 또는 교차질의, 반론, 요약 또는 결론(최종 발언)' 등의 기본 절차가 있다. 입론은 자신의 기본 입장(찬성, 반대)을 발언하는 순서이다. 보통 3~4가지의 논거를 들어 자신의 입장이 왜 옳은지를 설명한다. 교차조사 혹은 교차질의는 상대의 입장에 대해 질문을 던지는 순서로, 주목적은 상대방 논리의 허점을 부각하는 것이다. 상대방의 입장을 정확히 이해하는 단계이기도 하다. 이때 답변하는 상대방은 자신의 입장을 적절하게 옹호해야 한다. 반론은 상대 입장의 허점을 논리적으로 반박하는 동시에 자신의 입장을 강하게 부각하는 단계로, 교차조사 또는 교차질의와 기능은 비슷하지만 형식이 다르다. 즉, 상대방과의 질의응답을 통해 진행하는 것이 아니라, 반박을 맡은 참가자가 자신의 입장을 논리적으로 정리해서 주어진 시간 내에 발언한다. 요약 또는 결론은 그날 이루어진 토론의 주요 쟁점을 총괄하면서 마지막으로 자기 팀의 가장 큰 강점을 부각하고 상대 팀의 가장 큰 허점을 설명하는 단계이다(이경훈, 2013).

교실토론 절차의 특성과 유의사항을 정리하면 **표 2-29**와 같다.

표 2-29. 교실토론 절차의 특성 및 유의사항

구분	입론	반론	교차조사	최종 발언	작전회의	판정
특성	논제에 대한 주장과 이유, 근거를 제시하며 주장을 정당화하는 단계	상대 논리의 잘못이나 허점에 대하여 논리적으로 반박하는 단계	질문으로 상대의 논리적 허점을 지적하여 상대 주장의 잘못을 증명하는 단계	자신들의 주장을 정리하고 마무리하는 토론의 마지막 단계	자기 팀에 유리하도록 팀원들끼리 작전을 짜는 회의시간	최종 발언 후 토론의 승패를 결정하는 단계
유의사항	공정하고 정당한 토론을 위해 편파적이지 않고 공평한 용어의 정의	메모 등의 방법으로 순발력 있게 상대 논리의 문제점 공격	짧은 질문과 짧은 대답의 요청, 수렴형 질문 유리, 질의를 위한 구조화 필요	남은 이유나 근거 반론, 자기 팀의 이유나 근거 강조, 쟁점 정리, 예화나 인용 등으로 깊은 인상 제시	시간의 효율적 사용, 상대의 허점 파악, 소통과 단합의 기회로 이용	판정의 핵심 파악, 선입견 배제, 판정기준의 변화 인지, 책임 있는 태도, 녹음이나 기록 등 필요

자료: 김혜진 외(2020)

① 링컨-더글러스형 토론[8]

링컨-더글러스형 토론LD 토론, Lincoln-Douglas debates은 미국의 링컨Abraham Lincoln과 더글러스Stephen Arnold Douglas가 노예해방제도에 대해 벌인 토론에서 유래하였다. 이 토론은 노예해방제도의 주요 쟁점이 도덕과 가치에 관한 것이 많아, 링컨-더글러스형 토론 또한 가치, 윤리, 철학 등의 쟁점을 다루는 방향으로 발전하였다. 참여방식은 자신이 지지하는 가치의 구조와 정당성을 끌어내는 흐름으로 토론에 참여한다. 링컨-더글러스형 토론에서 다루는 논제는 주로 가치문제이므로 토론자가 많으면 논점이 분산되어 산만해질 수 있기 때문에 다른 토론과 달리 양측 토론자는 1:1로 구성된다. 토론자 혼자 입론, 반론, 반박(교차질의)을 해야 하며, 1명이므로 별도의 숙의, 준비시간이 없다. 따라서 토론자의 집중력과 순발력이 요구되는 난도가 높은 토론이다. 최초의 형태는 링컨과 더글러스가 번갈아 발제하고 각 토론마다 '발제-반박-변론'의 형태로 진행되었다. 그러나 현재는 '6-3-7-3-4-6-3'의 기본 시간형식으로, 각 토론자는 총 13분의 발언시간을 부여받는다.

---

8 김은정, 장도준(2016) ; 김주환(2007)

표 2-30. 링컨-더글러스 토론의 형식

순서	찬성 측	반대 측	시간(분)
1	입론		6
2		교차조사	3
3		입론 및 반론	7
4	교차조사		3
5	반론		4
6		반론	6
7	반론		3

② 상호 질문형 토론(CEDA)

상호 질문형 토론은 1971년에 상호 질문형 토론협회CEDA, Cross Examination Debate Association가 만들어지면서 토론에 상호 질문이 도입되었기 때문에 흔히 세다CEDA식 토론이라고 한다. 주로 주어진 논제와 관련하여 새로운 정책대안에 찬성하는 긍정 측, 기존 정책의 유지를 고수하며 새로운 정책대안에 반대하는 부정 측의 토론으로 진행된다. 정책논제를 다루는 토론에서 가장 보편적으로 사용되는 형식이며, 양측 토론자는 각 2명으로 구성되고, 토론자는 각각 입론, 반박, 상호 질문(반박) 총 세 번의 발언기회를 얻는다. 반박을 통해 상대측 논증의 오류를 드러낼 수 있으며, 각 팀당 10분의 협의시간이 부여되어 필요한 경우 심사위원에게 요청하여 사용할 수 있다. 다만, 협의시간을 요청한 팀은 다음 순서에서 발언권을 갖고 있는 경우여야 한다. 입론은 찬성 팀이 먼저 시작하지만, 반박은 반대 팀이 먼저 시작한다. 즉, 찬성 팀에게 마지막 반박의 기회가 있으므로 주장의 신뢰성에 대한 입증의 책임은 찬성 팀이 맡게 되며, 반대 팀은 한 가지라도 반박하는 데 성공하면 토론에서 승리한다.

표 2-31. 상호 질문형 토론(CEDA형 토론)의 형식

순서	찬성 측	반대 측	시간(분)
1	토론자 1 입론		8
2		토론자 2 반론	3
3		토론자 1 입론	8
4	토론자 1 반론		3
5	토론자 2 입론		8
6		토론자 1 반론	3
7		토론자 2 입론	8
8	토론자 2 질문		3
9		토론자 1 반론	4
10	토론자 1 반론		4
11		토론자 2 반론	4
12	토론자 2 반론		4

③ 칼 포퍼식 토론

칼 포퍼식 토론Karl Popper debate은 과학철학자 칼 포퍼Karl Raimund Popper의 이론을 바탕으로 만들어진 토론이다. 세다CEDA식 토론은 찬성 측만 주장의 신뢰성과 정당성을 입증하는 책임을 부여하는 반면, 칼 포퍼식 토론은 양측 모두 주장의 신뢰성과 정당성을 입증해야 한다. 양측 토론자는 각 3명으로 구성되며, 한 번의 입론과 두 번의 반론의 흐름으로 토론을 진행한다. 토론자별로 역할이 모두 다르므로 팀 내 협력이 중요하다. 입론의 비중이 반론에 비해 상대적으로 작고, 질문과 반론에서 새로운 논거를 제시하지 못한다.

표 2-32. 칼 포퍼식 토론의 형식

순서	찬성 측	반대 측	시간(분)
1	토론자 1 입론		6
2		토론자 3 교차조사	3
3		토론자 1 입론	6
4	토론자 3 교차조사		3
5	토론자 2 반론		5
6		토론자 1 교차조사	3
7		토론자 2 반론	5
8	토론자 1 교차조사		3
9	토론자 3 반론		5
10		토론자 3 교차조사	5

④ 의회형 토론

의회형 토론parliamentary debate은 영국 하원에서 유래한 토론형식으로, 주로 정책논제를 다루며 논제는 토론대회 직전에 제시되어 즉석 토론으로 진행된다. 각 팀은 보통 2명으로 구성되며, 한 명(수상, 야당 당수)에게는 발언권이 두 번 주어지고, 다른 한 명(여당 의원, 야당 의원)에게는 발언권이 한 번 주어진다. 만약 한 팀당 3명으로 구성된다면, 발언권을 각각 한 번씩 부여받는다. 상대의 발언 도중에 상대의 양해를 얻어 보충 질의, 신상 발언 등을 할 수 있다.

표 2-33. 의회형 토론의 형식

순서	찬성(여당) 측	반대(야당) 측	시간(분)
1	수상 입론		7
2		야당 당수 입론	8
3	여당 의원 입론		8
4		야당 의원 입론	8
5		야당 당수 반론	4
6	수상 반론		5

(3) 법정토론

법정토론은 법정에서 이루어지는 토론이며, 법정 밖에서는 주로 모의재판, 배심원토론 등이 활용된다. 배심원토론은 쟁점이 발생했을 때, 전문가들이 문제해결에 대한 토론을 하고, 시민들로 구성된 배심원들이 전문가들의 토론내용을 듣고 판단을 내리는 방식으로 진행된다. 특히, 학교수업에는 배심원토론이 종종 활용되는데, 학생 수가 많을 경우 소수의 우수한 학생만 토론에 참여하고, 그 외 학생들은 수업에서 소외되는 것을 막기 위한 방법으로 활용할 수 있다. 배심원토론에서는 토론수업의 주제에 대한 명확한 의견을 주장하는 전문가 역할의 학생뿐만 아니라, 이들의 토론을 듣고 판단을 내리는 배심원 역할의 학생도 중요한 구성요소이다. 이는 모든 학생이 각자의 역할에 따라 토론에 참여할 수 있기 때문이다.

3) 교실토론의 실제

교실토론class debate 또한 교육토론academic debate의 한 유형이다. 말 그대로 교실에서 학생들이 벌이는 토론으로 기존 토론대회에서 필요한 논리력과 사고력을 대다수 학생에게 요구하는 것은 어렵다는 점을 고려하여, 기존 토론을 학생들의 수준에 맞게 규칙과 시간을 조정하고, 토론을 하기 위한 준비나 사후과정을 지도하는 데 초점을 두어 고안된 토론이다. 교실토론의 특성은 다음과 같다(이정옥, 2008).

① 찬성 팀과 반대 팀이 교대로 발언하기 때문에 논점이 맞물려 긴장감을 유발한다.
② 찬성과 반대의 양 팀이 동일한 수로 대립하기 때문에 어느 편으로 기울어도 활발한 토론이 될 수 있다.
③ 모든 학생이 골고루 발언할 기회를 얻기 때문에 평소 말을 잘 못하는 학생이라도 자연스럽게 동참할 수 있다.
④ 게임처럼 진행되기 때문에 팀원들끼리 협동하여 열심히 준비하고 토론과정에도 적극적으로 참여한다.

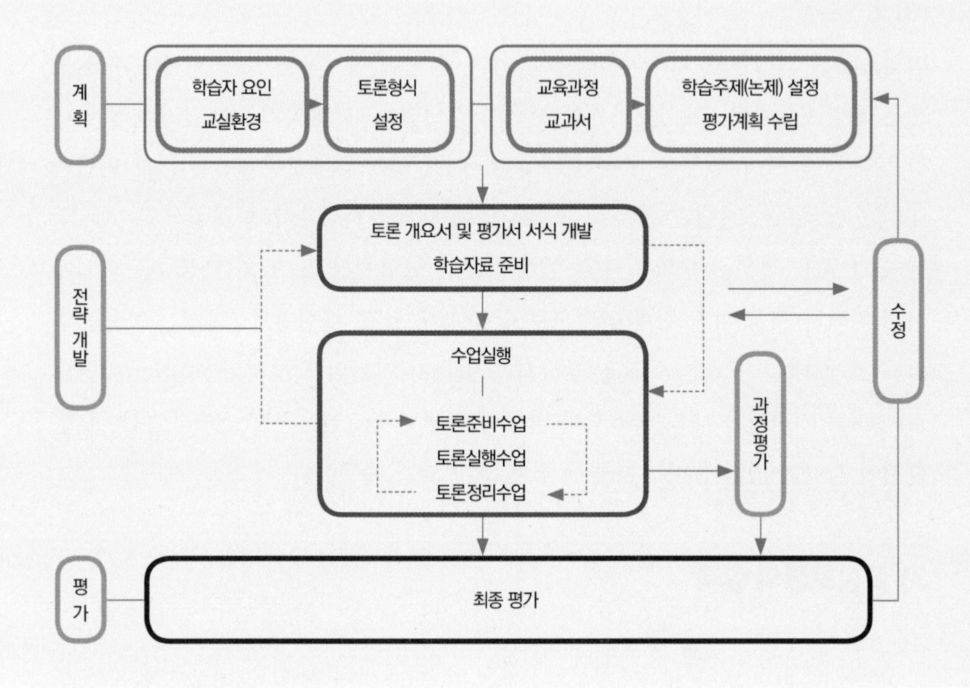

그림 2-12. 교실토론수업 설계모형

임칠성과 최복자(2004)는 스미스와 라간Smith & Ragan의 수업설계모형을 바탕으로 토론수업설계의 효과성에 영향을 미치는 변인과 수업설계원리에 기반한 토론수업 설계 일반모형을 제시하였다. 그리고 조선덕과 송현정(2018)은 이 모형의 기본 구성을 따르면서 토론수업원리와 특성을 고려하여 교실토론수업 설계모형을 제안하였다(**그림 2-12**).

이 중 수업실행 단계는 교실토론을 진행하는 기본적인 시간을 3차시로 본다. 1차시는 논제를 학습하는 토론준비수업 단계, 2차시는 실제 입장을 나누어 토론을 실시하는 토론실행수업 단계, 3차시는 토론을 통해 학습하려던 교과내용을 점검하고 새롭게 알게 된 사실 등을 정리하며 토론활동을 정리하는 토론정리수업 단계이다(조선덕 외, 2018).

이정옥(2008)은 교실토론의 진행과정을 크게 준비과정, 실행과정, 마무리과정의

3단계로 제시하였다. 준비과정은 토론형식 익히기, 논제 정하기, 조 구성하기, 준비하기(자료조사, 토론 개요서 작성)가 포함된다. 실행과정은 토론하기(토론 조), 평가서 작성(토론에 참여하지 않은 학생들), 심사하기(교사)로 구성된다. 마무리과정은 토론 보고서(논술문) 작성(마무리과정 토론에 참여한 학생), 질문하기(토론에 참여하지 않은 학생들), 심사결과 발표와 강평(교사)이다. 이를 수업진행 순서에 따라 정리하면 **표 2-34**와 같다.

표 2-34. 수업진행 순서에 따른 교실토론의 진행과정

단계	학생	교사	비고
1단계	• 논제 파악 • 자료조사	• 토론논제 제시	• 학생들의 수준에 따라 교사의 지도를 받을 수 있다.
2단계	• 논점 분석	• 찬/반 팀별로 면담을 통한 지도	• 면담 시 팀별로 지도를 받는다. • 비토론자들이 논점 분석을 하여 토론 팀에게 줄 수도 있다.
3단계	• 찬성 팀/반대 팀으로 나누어 토론 개요서 작성	• 토론 개요서 작성 요령 설명	• 팀원들이 논의하여 작성한다.
4단계	• 토론 조: 토론실행 • 비토론자: 평가서 작성	• 사회자 또는 원활한 진행자의 역할	• 청중: 토론의 결과를 평가한다. • 교사: 토론의 논점과 토론진행과정을 간략하게 논평한다.
5단계	• 논술문 작성	• 글쓰기 개요 작성 설명	• 수업시간에 개요 작성을 하고 글쓰기는 과제로 제출한다.

다음은 중학교 가정과수업에 토론수업을 적용한 사례이다. 조선덕과 송현정(2018)의 교실토론수업 설계모형의 수업실행 3단계를 응용하되, 일부가 아닌 전체가 참여할 수 있도록 약간 변형하였다. 20명 이상의 학생으로 구성되는 학교현장의 상황을 고려하여 최대한 많은 학생이 자신의 의견을 바탕으로 토론에 참여할 수 있도록 구성하였다. 학습자가 교실을 순회하며 상대측 토론자를 만나며, 개별 토론에서는 교실토론의 핵심 과정인 '입론 → 교차조사(확인 질문) → 반론 → 최종 발언'의 순서를 따르되, 토론자의 요구와 합의에 따라 위 과정을 반복하여 진행한다.

대단원명	인간 발달과 가족	중단원명	변화하는 가족과 건강 가정	차시	3차시
성취기준	[9기가01-04] 사회 변화에 따른 가족의 구조와 기능의 변화를 이해하고, 건강 가정을 위한 가족구성원의 역할을 탐색하여 실천한다.				
본시 학습목표	• 사회 변화와 가족 가치관의 변화를 구체적인 사례를 통해 이해할 수 있다. • 가족 관련 법에 대한 자신의 생각을 논리적으로 설명할 수 있다.				
학습자료	PPT, 뉴스 영상, 크롬북 등 전자기기, 활동지, 찬반을 나타낼 수 있는 소품(머리띠 등)	학습모형 (수업방법)	교실토론법		

학습단계		교수·학습활동
과정	단계	
토론준비 수업	도입	▶ 인사 및 주의 환기, 전시학습 확인 ▶ 동기 유발 및 생각 열기 • 학생들에게 익숙한 설화 중 '개인의 가치관과 가족의 이익이 대립하는 사례'를 제시한다. 고구려 3대 대무신왕의 왕자 호동이 옥저로 놀러 갔을 때, 낙랑왕 최리가 나왔다가 그를 보고 함께 돌아와 사위로 삼았다. 그 후, 호동이 귀국하여 공주에게 몰래 사람을 보내 전하기를, 만약 병기고(兵器庫)에 들어가 고각(鼓角)을 부수어 버린다면 예를 갖추어 맞아들이겠지만, 그럴 수 없다면 그만두겠다고 하였다. 전부터 낙랑국에는 적병이 쳐들어오면 저절로 울리는 고각이 있기 때문에 이를 부수게 했던 것이다. 공주는 칼을 가지고 병기고에 들어가 고각을 부숴버린 후 이를 호동에게 알렸다. 그러자 호동은 왕에게 권하여 낙랑을 습격하였고, 낙랑왕은 적병이 성 아래에 이른 후에야 고각이 파괴된 것을 알고 딸을 죽이고 항복하였다. 자료: 네이버 지식백과, 호동왕자 낙랑공주, 한국민속문학사전(설화 편) • '내가 만약 낙랑공주라면 어떤 선택을 할까?', '낙랑공주는 왜 그런 선택을 했을까?', '낙랑공주 이야기가 후대에 전해지는 이유는 무엇일까?', '그 시대 사람들은 낙랑공주의 선택을 어떻게 바라봤을까?', '현대 사람들은 낙랑공주의 선택을 어떻게 바라볼까?' 등의 질문을 통해 학생이 개인과 가족관계에 대한 가치관의 변화를 깨닫도록 한다.
	전개	▶ 기본 내용 설명 - 가치관의 변화는 어떻게 드러나는가? • 민법의 체계와 내용에 대해 설명하고, 가족에 대한 사람들의 생각이 법에 반영되며, 가치관의 변화에 따라 법도 개정됨을 안내한다. • 호주제 폐지 등 구체적인 변화 사례에 대해 소개한 후 「민법」 제915조(징계권)에 대해 소개한다. 다만, 현재 민법상에 존재함을 전제로 설명한다. 민법 제915조(징계권) 친권자는 그 자를 보호 또는 교양하기 위하여 필요한 징계를 할 수 있고 법원의 허가를 얻어 감화 또는 교정기관에 위탁할 수 있다. ▶ '부모의 자녀에 대한 징계권은 폐지되어야 한다.'는 논제에 대한 자신의 입장을 정리한다. • 교사의 설명을 들은 후 1차로 입장을 정리한다. • 자신의 입장을 뒷받침할 수 있는 내용을 조사하여 근거를 정리한다. 이때 다양한 자료조사와 다각도의 사고를 통해 자신의 입장을 3~4개의 논점으로 뒷받침할 수 있도록 안내한다.

(계속)

학습단계		교수·학습활동
과정	단계	
토론준비 수업	전개	• 상대 입장에 관한 자료를 조사하여 정리한다. 이 과정을 통해 상대의 논점과 논거를 예측하고 반론을 준비할 수 있다. • 모든 자료와 논거는 출처를 명확히 밝히도록 한다. (개인 블로그, 나무위키 등 작성자의 전문성이 불분명한 출처는 사용하지 않도록 안내)
	정리	▶ 다음 차시 예고 • 오늘 정리한 내용을 바탕으로 토론이 진행됨을 안내한다.
토론실행 수업	도입	▶ 인사 및 주의 환기, 전시학습 확인 ▶ 수업진행 순서 안내 • 개별 학습자가 교실을 순회하며 토론을 진행한다. 토론 시작 후 9분은 같은 의견을 가진 토론자와 교류하여 서로의 논거를 다지는 과정을 갖는다. 그 후 20분은 다른 의견을 가진 토론자와 토론을 진행한다. • 토론진행 시에는 '입론 → 교차조사(확인 질문) → 반론 → 최종 발언'의 순서를 따르되, 토론자의 요구와 합의에 따라 위 과정을 반복한다. • 토론진행 시 승패에 연연하지 않고 상호 존중과 경청을 바탕으로 참여하도록 안내한다. • 모든 토론자는 찬반을 알릴 수 있는 소지품(㉄ 부모의 자녀에 대한 징계권 폐지 찬성은 파란색 머리띠, 반대는 빨간색 머리띠 착용)으로 토론이 원활히 진행되도록 한다.
	전개	▶ 토론진행 • 같은 의견을 가진 토론자와의 교류: 3분 × 3명 = 9분 • 다른 의견을 가진 토론자와의 토론: 5분 × 4명 = 20분 • 토론과정에서 의견이 바뀐 경우 '최종 발언' 순서에서 자신의 입장 변화를 정리하여 밝히고 교사에게 알린 후 소품(머리띠 등)을 반납한다. 교사는 양 팀별로 반납된 머리띠의 수로 승패를 확인한다. • 토론과정에서 추가된 근거, 상대의 입론과 교차조사 내용 등을 메모하며 토론에 참여하도록 한다.
	정리	▶ 승패를 안내한다. ▶ 다음 차시 예고: 오늘 토론내용을 바탕으로 논술문을 작성함을 안내한다.
토론정리 수업	도입	▶ 인사 및 주의 환기, 전시학습 확인 ▶ 동기 유발 • 1차시에 안내한 '낙랑공주와 호동왕자 설화', '징계권 폐지 관련 뉴스' 등을 제시하며 지난 시간에 진행한 토론에서 느낀 점, 새로 알게 된 점, 소감 등을 묻는다.
	전개	▶ 작성한 논설문은 평가에 반영됨을 다시 한 번 안내한다. ▶ 논설문 작성 안내 • 크게 '서론-본론-결론'으로 구성하며, 작성 시에는 지난 차시 수업의 활동지를 참고하도록 한다. • 자신의 주장을 논리적으로 작성하며, 활동지에서 작성한 논점과 논거를 서술한다. • 반대 토론자의 의견과 그에 대해 자신이 반박한 내용을 논술문에 서술하도록 한다.
	정리	▶ 수업 정리 및 다음 차시 예고

7. 가정과교육의 원격교육

1) 원격교육의 배경 및 개념

원격교육이란 교수자와 학습자가 시공간적으로 분리된 상황에서 교수매체를 통해 상호작용하며 학습자료와 결과물을 공유하는 형태의 교육을 의미한다. 이에 원격교육은 교수자와 학습자를 시공간적 제약에서 벗어나게 함으로써 교육의 기회를 확대하였다. 교수자와 학습자가 지리적으로 떨어져 있어도 학습자가 원하는 교육에 더 쉽게 접근할 수 있게 되었고, 한정된 교수자가 교육하던 전통적인 교실 교육에 비해 학습자는 다양한 교수자에게 전문지식을 전달받을 수 있게 되었다. 특히, 자연재해, 재난, 감염병 등의 사유로 교수자나 학습자가 교육기관에 직접 가지 못하는 상황에서도 교육을 이어나갈 수 있게 되었다. 이러한 특성 덕분에 원격교육은 전 세계 어디에서나 이용할 수 있는 유연한 학습형태로 인식되고 있다.

원격교육에서 교수자와 학습자의 시간과 공간 분리는 중요한 특징이다. 미국 다코타 주립대학의 콜드웨이Dan Coldeway는 다음과 같이 시간과 공간을 기준으로 교육의 접근법을 제시하였다(Simonson et al., 2003).

표 2-35. 시간과 공간에 따른 교육의 접근방법

구분	같은 시간	다른 시간
같은 공간	전통적인 교실교육	특정 장소에서 이루어지는 개별학습 또는 분반수업
다른 공간	동시적 원격교육	비동시적 원격교육

원격교육은 시간과 공간의 분리 여부에 따라 동시적 원격교육과 비동시적 원격교육으로 구분된다. 동시적 원격교육은 교수자와 학습자가 분리된 공간에서 동시간에 접속하여 교육활동이 이루어지는 형태이며, 비동시적 원격교육은 교수자와 학습자가 분리된 공간과 시간에 교육활동을 전개하는 형태이다. 콜드웨이는 시간과 공간이 모두 분리된 비동시적 원격교육을 가장 순수한 원격교육이라고 말한다.

원격교육은 네 가지 주요한 개념적 특성이 있다(이동주 외, 2009). 첫째, 일정한 수준의 제도적 기반을 지녀야 한다. 제도의 뒷받침 없이 이루어지는 자학자습self-study과 달리, 원격교육은 교육과정, 평가, 교육 지원 시스템, 교재, 교육기관, 개인정보 보호법, 데이터 보호법 등을 포함한 제도적 배경이 있어야 한다. 둘째, 상호작용을 촉진하기 위해 다양한 원격통신매체와 기술을 활용한다. 원격교육에 활용되는 매체는 텔레비전, 전화, 인터넷과 같은 전자형태의 원격통신기술뿐만 아니라, 인쇄물, 우편통신 등과 같은 일반적인 매체도 포함된다. 셋째, 교수자와 학습자 그리고 학습자료 사이의 연결성을 제공해야 한다. 원격교육과정에서는 다양한 형태의 자료, 음성 및 비디오가 공유되며 학습자들에게 제공된다. 넷째, 교수자와 학습자가 분리되는 것으로, 원격교육의 가장 큰 특성 중 하나이다. 이것은 전통적인 면대면 교육과 큰 차이점이다.

인터넷 기반 원격교육

원격교육은 매체와 통신기술의 발달과 긴밀하게 연관되어 발전해왔다. 현재 인터넷 기반 원격교육은 가장 널리 사용되고 있는 원격교육방식으로, 학습자 개인의 학습 요구와 속도에 맞춰 교육받을 수 있게 함으로써 교육방식이 학습자 중심으로 전환되는 데 큰 역할을 하였다. 인터넷을 중심으로 한 정보통신기술의 발달 덕분에 원격교육에서도 교수자와 학습자 사이의 동시적 상호작용과 쌍방향 소통이 가능해졌기 때문이다(이동주 외, 2009). 이에 원격교육은 전보다 다양하고 유연한 교수·학습환경을 제공할 수 있게 되었다.

2) 원격교육을 실현하는 원격수업

(1) 원격수업의 개념

원격수업Distance Learning, Remote Learning은 교수자와 학습자 간의 상호작용을 통해 원격교육을 실현하는 활동이다. 즉, 원격교육은 학습자들이 시공간의 제약 없이 자신의 학습과정을 진행하는 교육의 전체적인 경험을 의미한다. 이는 필요한 과목 선택, 다양한 자료와 매체 활용, 과제 수행 및 평가 등의 과정을 포함한다. 반면, 원격수업은 원격교육의 일부로 학습자가 교수자와 상호작용하며, 특정 주제나 과목을 다루는 수업형식을 의미한다. 교육부(2020a)는 원격수업을 '교수·학습활동이 서로 다른

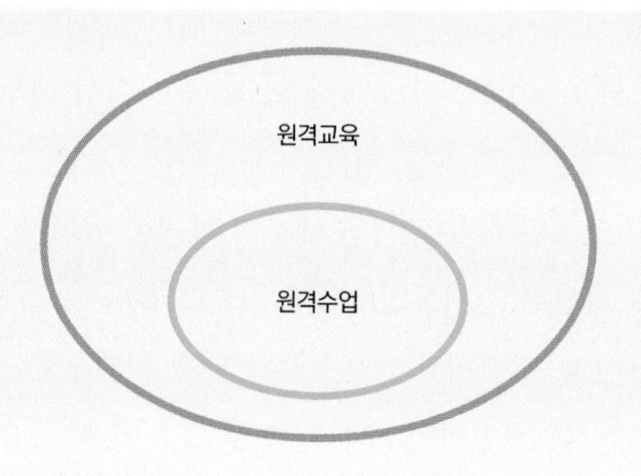

그림 2-13. 원격교육과 원격수업의 관계

시간 또는 공간에서 이루어지는 수업형태'로 정의하고 있다. 원격수업은 전통적인 교실수업과는 다르게 교수자와 학습자가 물리적으로 분리되어 비대면으로 교수·학습을 진행하는 방식이며, 면대면 수업의 대안으로 여겨진다.

우리나라에서 원격수업은 천재지변으로 인한 피해자, 감염병이나 기타 질병으로 인한 장기 결석자, 성인 학습자, 소수 선택과목 이수자, 해외 체류자, 학교 부적응자, 건강장애학생 등 등교수업이 어려운 학습자를 지원하기 위한 보완적 차원에서 진행되었다. 적령기 학습자를 대상으로 추진된 대표적인 원격수업에는 온라인 수업, 온라인 공동교육과정, 학생 선수를 위한 e스쿨, 건강장애학생을 위한 스쿨포유, 미취학 및 학업 중단 학생을 위한 학습지원서비스 등이 있다(정영식 외, 2020). 그리고 대규모 팬데믹 사태를 기점으로 우리나라를 비롯한 여러 국가에서 초·중등 교육을 지속하기 위해 가정에서도 교육받을 수 있도록 원격수업을 활용하고 있다.

우리나라는 2021년에 「디지털 기반의 원격교육 활성화 기본법(원격교육법)」을 공포하여 2022년부터 시행하고 있으며, 원격교육이 교육현장에서 보편적으로 이루어지고 있다. 그리고 원격수업은 「초·중등교육법」 제24조(수업 등)와 「초·중등교육법 시행령」 제48조(수업운영방법 등)를 근거로 초·중등학교 정규수업으로 인정받을 수 있다.

초·중등교육법 제24조(수업 등)

③ 학교의 장은 교육상 필요한 경우에는 다음 각 호에 해당하는 수업을 할 수 있다. 이 경우 수업 운영에 관한 사항은 교육부장관이 정하는 범위에서 교육감이 정한다.

1. 방송·정보통신 매체 등을 활용한 원격수업

초·중등교육법 시행령 제48조(수업운영방법 등)

④ 학교의 장은 교육상 필요한 경우에는 원격수업 등 정보통신매체를 이용하여 수업을 운영할 수 있다. 이 경우 교육 대상, 수업 운영 방법 등에 관하여 필요한 사항은 교육감이 정한다.

(2) 동시적(실시간) 원격수업-비동시적(비실시간) 원격수업[9]

교육부(2020a)의 〈원격수업 운영 기준안〉에 따르면, 원격수업은 시간적·공간적 특성을 기준으로 동시적 원격수업과 비동시적 원격수업으로 구분된다. 이는 앞서 설명한 원격교육의 분류와 같은 맥락이다. 다만, 현재 우리나라에서는 '정보통신매체를 활용한 온라인 수업'을 주로 '원격수업'이라고 지칭하고 있다(교육부, 2020b). 또한 교수자와 학습자 간의 피드백을 중요하게 여기는 만큼, 원격수업에서 시간분리 여부는 교수자와 학습자가 동시에 소통는지 아니면 따로 소통하는지를 의미하기도 한다.

동시적 원격수업은 교수자와 학습자가 서로 다른 공간에서 실시간으로 만나 교수·학습을 진행한다. 교수자와 학습자 그리고 학습자들 간에 실시간 의사소통과 즉각적인 피드백이 가능하므로 상호작용이 원활하게 이루어진다. 특히, 동시적 원격수업은 실시간 피드백과 상호작용을 추구하기 때문에 전통적인 교실환경에서 제공하는 피드백과 유사하며, 지리적으로 떨어져 있는 교수자와 학습자들도 사회적 거리감을 줄일 수 있다. 이에 최근 가장 활발하게 증가하고 있는 원격수업형태이기도 하다. 그러나 동시적 원격수업은 시간의 제약이 있다.

반면, 비동시적 원격수업에서는 교수자와 학습자가 각기 다른 시간과 공간에서 비동시적으로 소통이 이루어진다. 이 방식은 학습자가 자유롭게 수업 콘텐츠에 접근하고, 자신의 학습역량과 일정에 맞추어 유연하게 학습을 진행할 수 있다. 그

---

9 이 책에서는 단어의 통일성을 위해 '동시적 원격수업'과 '비동시적 원격수업'으로 표기한다.

러나 이러한 방식은 학습자의 자기 주도적 학습능력, 자기 조절력, 시간관리능력 등을 더욱 요구한다. 그리고 비동시적 소통의 한계로 피드백이 지연되어 교수자와 학습자, 학습자들 간의 상호작용 기회가 제한되기도 하며, 학습자들이 고립감을 느낄 수도 있다(Branon 외, 2001; 고유정 외, 2022 재인용).

원격수업방식은 각각의 특성에 따른 장단점이 있으므로 교육목표와 현실적인 상황을 고려하여 가장 적합한 원격수업방식을 선택하는 것이 중요하다.

3) 원격수업매체

원격수업에서 사용되는 매체는 학습내용 전달과 수업 주체 간의 상호작용을 위한 도구로 중요한 역할을 한다. 원격수업에서는 모든 교수·학습활동이 매체를 통해 이루어지므로 매체 선택이 매우 중요하다. 기술과 통신의 발달에 따라 인쇄매체, 방송매체, 전자매체, 정보통신매체 등 다양한 매체가 원격수업에서 활용되고 있으며, 이러한 매체의 다양성은 원격수업의 발전과 혁신을 이끈다. 원격수업의 변화는 학습자에게 더욱 생동감 있는 수업경험을 제공하며 다양한 도구를 사용함으로써 상호작용과 피드백에 대한 효율성을 높일 수 있다. 따라서, 매체의 다양성은 원격수업의 성능과 질 및 교육의 접근성을 향상시키는 중요한 요소이다.

(1) 인쇄매체

인쇄매체는 원격수업의 초기 형태인 우편통신부터 시작하여 현재 인터넷 등을 기반으로 한 최첨단 원격수업에서도 보조자료로 사용되고 있다(임철일 외, 2022). 인쇄매체는 교재, 학습 안내서, 문제지 등 다양한 형태로 제공되며, 학습자는 이를 통해 학습내용을 읽고 이해하며 과제를 수행하거나 문제를 풀어나간다. 인쇄매체는 동영상이나 웹 기반 자료에 비해 일정한 구조와 흐름을 제공하며 인터넷에 접속하지 않아도 사용할 수 있어 접근성 측면에서 이점이 있으나, 상호작용의 부재와 실시간 피드백이 어려운 한계가 있다.

원격수업용 인쇄매체를 제작할 때는 다음을 고려할 수 있다(정인성, 1999; 임철일, 2003; 조은순 외, 2013).

원격수업용 인쇄매체 제작 시 고려사항

- 문장은 짧고 명확하게 구성한다.
- 학습자의 입장과 수준에서 내용을 명료하게 서술한다.
- 내용에 맞는 도표와 그림 등 내용의 빠른 이해를 돕는 시각자료를 활용한다.
- 적절한 여백을 둠으로써 학습자에게 인쇄매체의 지루한 느낌을 최소화한다.

(2) 방송매체

라디오, 텔레비전과 같은 방송매체는 대중매체로서 누구나 쉽게 접근할 수 있다. 주로 오디오와 비디오의 형태로 제공되며, 학습자는 교수자의 강의나 교육 프로그램을 청취하거나 시청함으로써 학습내용을 습득한다. 오늘날 인터넷의 보급에 따라 라디오, 텔레비전 방송도 인터넷 스트리밍 서비스를 통해 접근성이 더욱 높아져 원격수업에서 적극적으로 활용되고 있다. 그러나 상호작용이 제한적이고 교육 맞춤화[10]가 어려운 한계가 있다.

방송매체가 원격수업을 위해 활발하게 사용되는 특성은 다음과 같다.

대량성	즉시성	동시성
정보를 다수에게 동시에 효과적으로 전파할 수 있다.	내용의 빠른 전달로 최신 정보와 지식을 실시간으로 제공할 수 있다.	공간 제약 없이 동시에 정보를 전달하여 원격수업의 접근성을 향상시킬 수 있다.
공공성	**비문자성**	**일방향성**
수신자의 범위를 제한하지 않아, 더 넓은 범위의 학습자에게 교육 기회를 제공할 수 있다.	소리로 정보를 파악할 수 있다. 이는 언어장벽이 낮은 시청각 매체를 통한 학습경험을 제공한다.	방송내용이 시청자에게 일방적으로 전달된다.

그림 2-14. 방송매체의 특성

자료: 조은순 외(2013)

10 교육 맞춤화: 학습자들의 개별적인 필요, 선호, 학습속도 등을 고려하여 교육을 제공하는 접근법을 말한다.

또한 원격교육방송매체를 개발할 때는 다음을 고려할 수 있다.

원격교육용 방송매체 개발 시 고려사항

- 학습내용을 잘 이해할 수 있도록 메시지 전달전략을 세심하게 설계한다.
- 실제 사례를 통해 학습자가 간접적으로 경험하게 함으로써, 학습자의 이해도와 관심을 높인다.
- 활동 기반 학습요소를 추가하여 학습자의 직접 참여를 유도하며, 토론, 퀴즈, 실습 등 능동적 학습을 촉진한다.
- 일방향성의 한계를 극복하기 위해 세심한 학습전략을 설계하고, 상호작용할 수 있는 온라인 학습 환경을 제공한다.

(3) 전자매체와 인터넷

전자매체와 인터넷은 2000년 이후 가장 활발하게 활용되는 매체이다. 그리고 스마트폰, 태블릿 PC 등의 보급에 따라 무선 인터넷을 통한 유비쿼터스[11] 학습 또한 자연스러운 현상으로 자리매김하였다(조은순 외, 2013).

전자매체와 인터넷은 인쇄매체 및 방송매체와 비교하였을 때, 다음과 같은 장점이 있다.

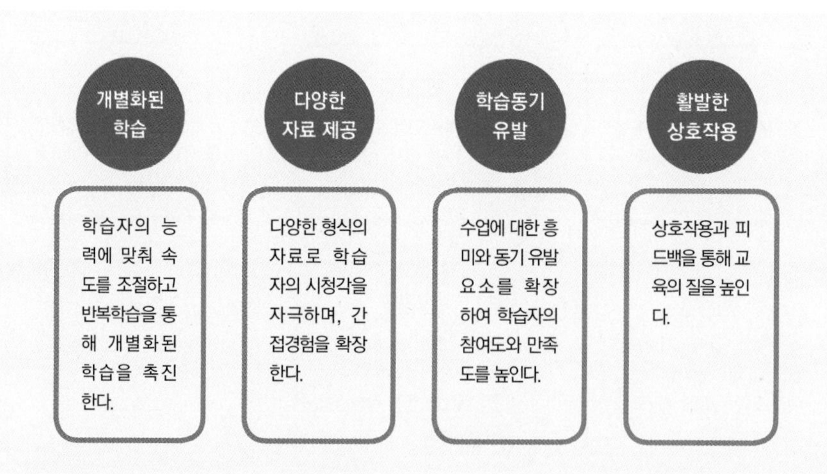

그림 2-15. 원격수업 시 전자매체와 인터넷 활용의 장점

---

11 유비쿼터스(Ubiquitous): '언제 어디에나 존재한다.'라는 뜻의 라틴어로, 사용자가 컴퓨터나 네트워크를 의식하지 않고 시간과 장소에 상관없이 자유롭게 네트워크에 접속할 수 있는 환경을 말한다. (자료: 두산백과)

최근 교육현장에서 원격수업을 위해 활용되는 매체는 다음과 같다.

LMS (Learning Management System)	온라인 토론 및 협업 플랫폼
LMS는 온라인 환경에서 출결, 수업, 과제, 평가 등을 관리하는 시스템이다. 교수자는 수업 영상과 자료를 업로드하고, 학습자는 수업에 참여하고 평가를 받는다. 실시간 수업과 상호작용도 가능하다. 예 교실온닷, 구글 클래스룸, MS 팀즈 등	학습자 간 토론과 협업을 지원하며, 교수자의 학습 확인과 학습 공유를 촉진하는 도구로 활용된다(양경윤 외, 2020). 예 패들렛, 멘티미터, 구글 워크스페이스 등

그림 2-16. 원격수업 활용 매체 예시

이러한 매체와 도구들은 원격수업의 질을 높이고 학습자의 학습 참여와 의욕을 유발하는 데 큰 도움을 주며, 창의적이고 협업적인 학습환경을 구축하여 교육의 효과를 극대화한다.

(4) 수업매체 제작 원리

원격수업에서 활용되는 매체를 직접 제작할 때, 다음과 같은 기본원리를 파악하고 적용해야 한다.

수업목표와 자료목표의 일치	자료가 수업의 목표와 일치하는지 확인해야 하며, 부분적으로 활용되는 간단한 시청각자료라도 수업의 취지와 맞아야 한다.
명확한 정보 제시	불분명한 정보나 이해하기 어려운 언어는 학습결과에 부정적 영향을 줄 수 있으므로 피해야 한다.
자료의 오류 여부	자료에 오류가 없도록 사전 점검해야 한다. 오류가 있는 자료는 수업에 치명적인 영향을 줄 수 있다.
학습자의 독해수준 파악	학습자의 독해수준을 정확히 파악하고 자료를 제작해야 수업목표를 달성할 수 있다.
수업자료의 계열화	적절한 순서로 구성된 학습내용과 학습자 수준에 맞는 계열성이 원격수업의 원활한 진행을 보장할 수 있다.
적절한 학습활동	일방적인 지식 전달보다는 능동적 참여를 가능하게 하는 학습활동을 포함하여 학습동기를 유지하고 고립감을 줄이는 것이 중요하다.
효과적인 메시지 디자인	화면에 제시되는 수업내용이 과도하거나 부족하면 학습동기가 저하될 수 있다. 따라서 학습자의 수준과 연령에 맞게 글씨체, 여백, 그림·표·그래프, 내용 배열(제목·내용), 색상 등을 적절히 활용해야 한다.

그림 2-17. 원격수업 매체 제작 원리

자료: 조은순 외(2013)

4) 원격수업 유형 및 적용과정

교육부(2020a)에서는 원격수업을 크게 세 가지 유형으로 구분한다.

표 2-36. 원격수업 유형

구분	운영형태
실시간 쌍방향 수업	• 실시간 원격수업 플랫폼을 활용하여 교수자·학습자 간 화상수업을 실시하며, 실시간 토론 및 소통 등 즉각적 피드백을 주고받음 (화상수업 도구 예시) 네이버 웨일온, 구글 미트, MS 팀즈 등 활용
콘텐츠 활용 중심 수업	• 강의형: 학습자는 지정된 녹화강의 혹은 학습 콘텐츠를 시청하고, 교수자는 학습 내용 확인 및 피드백 제공 • 강의+활동형: 학습 콘텐츠 시청 후 댓글 등 원격토론 (예시) EBS 강좌, 교수자 자체 제작 자료 등
과제 수행 중심 수업	• 교수자가 온라인으로 교과별 성취기준에 따라 학습자의 자기 주도적 학습내용을 맥락적으로 확인할 수 있는 과제 제시 및 피드백 제공 (예시) 과제 제시 → 독서감상문, 학습지, 학습자료 등 학습자활동 수행 → 학습결과 제출 → 교수자 확인 및 피드백

자료: 교육부(2020a), 2020학년도 초중고특수학교 원격수업 운영 기준안

(1) 실시간 쌍방향 수업

실시간 쌍방향 수업은 교수자와 학습자 사이의 실시간 상호작용을 중요시하는 수업형태이다. 이에 교수자와 학습자는 화상수업 도구를 사용하여 실시간으로 영상과 음성을 공유하며 대화를 나누고 교수·학습을 진행한다. 그리고 온라인 학습 플랫폼을 활용하여 채팅, 댓글 등으로 실시간 질의응답 및 토론활동을 할 수 있고, 실시간 퀴즈나 평가 등으로 학습자들의 이해도를 확인할 수 있다. 교수자는 학습목표와 상황에 따라 적절한 온라인 학습 플랫폼 및 도구, 수업방법을 선택하여 실시간 쌍방향 수업을 효과적으로 운영할 수 있어야 한다.

그림 2-18은 고등학교 가정 교과 '지속 가능한 소비생활' 단원의 실시간 쌍방향 수업 예시이다.

단계		단계별 활동	가정과수업 적용 예시
1	사전 준비	• 출결 확인 • 수업 준비 안내 (교과서, 학습자료 등) • 화상수업 확인 (음성, 영상 송출 점검) • 화상수업 규칙 및 초상권, 저작권 교육 ▷활용 도구: LMS, 화상수업 도구	• 출결 확인 • 수업 준비 확인 (교과서, 학습자료 등) • 화상수업 확인 (음성, 영상 송출 점검) • 화상수업 규칙 및 초상권, 저작권 교육 ▷활용 도구: LMS, 화상수업 도구
2	실시간 상호작용 (교수자–학습자)	• 수업목표 및 내용 설명 • 수업 관련 활동 및 문제 제시 • 질의응답 ▷활용 도구: 화상수업 도구, 온라인 협업 플랫폼	• '지속 가능한 소비생활' 목표 확인 • '지속 가능한 소비생활' 내용 학습 ▷활용 도구: PPT, 영상 등의 수업 콘텐츠 • 자신의 소비습관 점검 및 기록, 개선방안을 고민해 보기 ▷활용 도구: 온라인 협업 플랫폼 ※ 브레인스토밍을 하듯이 학습자가 자신의 의견을 자유롭게 게시할 수 있도록 지도 • 학습자가 이해한 내용을 바탕으로 질의응답
3	실시간 상호작용 (학습자–학습자)	• 모둠별 협력학습, 원격토의·토론 등 • 의견 및 아이디어 공유 • 질의응답 ▷활용 도구: 화상수업 도구, 온라인 협업 플랫폼	• 모둠별 협력학습 〈주제〉 소비 절제와 간소한 삶, 녹색소비, 로컬소비, 공정무역, 기부와 나눔, 보이콧과 바이콧 등 • 모둠별로 주제에 따라 지속 가능한 소비방식을 공유하고 토론하기 • 지속 가능한 소비의 중요성, 실천방안 및 개인별 변화의 가능성 논의 • 학생들이 직접 실천할 수 있는 지속 가능한 소비생활 방안 제시 • 질의응답 ▷활용 도구: 온라인 협업 플랫폼 ※ 구획화된 플랫폼 양식을 제공하여 학습자가 자료를 정리하고 작성할 수 있도록 지도
4	평가 및 피드백	• 형성평가, 자기 · 동료평가 • 피드백 ▷활용 도구: LMS, 화상수업 도구, 온라인 평가 플랫폼	• 모둠별 주제 발표에 대한 동료 피드백 ▷활용 도구: LMS, 온라인 평가 플랫폼

그림 2–18. 실시간 쌍방향 수업 진행방법 예시

(2) 콘텐츠 활용 중심 수업

콘텐츠 활용 중심 수업은 학습자가 교수자가 제공한 콘텐츠를 시간의 제약 없이 자유롭게 활용하여 학습하는 수업형태이다. 이러한 콘텐츠에는 강의 동영상, 온라인 강의 자료, 디지털 교과서 등이 있다. 강의 동영상은 교수자가 사전에 준비한 수업 영상으로, 학습자는 자신의 학습속도와 시간에 맞춰 반복적으로 시청하고 학습할 수 있다. 온라인 강의 자료와 디지털 교과서 등은 학습자에게 e-book, 문서형식의 파일, 웹 페이지 등의 형태로 제공되어 학습자료로 활용된다. 학습자는 교수자가 제공한 콘텐츠를 활용하여 학습한 후 댓글, 메일 등의 방식으로 교수자에게 질문하거나 의견을 제출할 수 있고, 온라인 학습 플랫폼 등을 통해 원격토론을 진행할 수 있다.

그림 2-19는 고등학교 가정 교과 '한식과 건강한 식생활' 단원의 콘텐츠 활용 중심 수업 예시이다.

(3) 과제 수행 중심 수업

과제 수행 중심 수업은 학습자가 교수자가 제시한 과제를 통해 수업내용을 이해하고 학습하는 수업형태이다. 이러한 수업에서 교수자는 학습목표와 성취기준에 따라 학습자의 학업수준을 고려하여 과제를 제시한다. 이에 따라 학습자는 과제를 해결하면서 수업내용을 습득하게 된다. 학습자는 과제를 완료한 후 교수자에게 제출하며, 교수자는 학습자의 과제물을 통해 학습상황을 파악하고 피드백을 제공한다. 이 과정에서 학습자의 학습 이해도에 따라 교수자는 과제에 대한 추가적인 지침이나 자료를 제공하여 학습을 지원할 수 있다.

그림 2-20은 고등학교 가정교과 '한복과 창의적인 의생활' 단원의 과제 수행 중심 수업 예시이다.

단계		단계별 활동	가정과수업 적용 예시
1	사전 준비	• 출결 확인 • 수업 준비 안내 • 콘텐츠 활용 및 접근방법 안내 • 콘텐츠 저작권 및 유의사항 안내 ▷활용 도구: LMS	• 출결 확인 • 수업 준비 안내 • 콘텐츠 활용 및 접근방법 안내 • 콘텐츠 저작권 및 유의사항 안내 ▷활용 도구: LMS
2	콘텐츠 제시	• 콘텐츠 활용 학습 진행 • 콘텐츠 관련 활동 제시 ▷활용 도구: 온라인 콘텐츠, 자체 제작 자료	• 콘텐츠 활용 학습 진행 〈활용 콘텐츠 예시〉 • 영상: 한식의 건강한 요소, 한식의 세계적 홍보 사례 등을 담은 영상 • 인포그래픽: 우리나라 식생활의 변화를 시각화한 자료 • 기사, 보고서 등 읽기 자료: 건강한 한식의 세계화 현황 및 전망에 대한 학술적 자료 ▷활용 도구: 온라인 콘텐츠, 자체 제작 자료 • 제공된 콘텐츠 분석 및 토의·토론 주제 제공 〈토의·토론 주제 예시〉 • 한식의 건강한 요소는 무엇이고 한식은 영양 균형에 어떤 도움을 주는가? • 시대별로 변화한 우리나라 식생활의 특징 및 건강에 미친 영향은 무엇인가? • 한식의 세계화를 더욱 확산시키기 위한 마케팅 전략 및 홍보방안에는 무엇이 있는가?
3	상호작용 (교수자–학습자, 학습자–학습자)	• 콘텐츠에 대한 의견 및 아이디어 공유 • 콘텐츠 관련 모둠별 협력학습, 원격토의·토론, 프로젝트 등 ▷활용 도구: LMS, 온라인 협업 플랫폼	• 콘텐츠와 관련된 주제별 토의·토론 ▷활용 도구: 온라인 협업 플랫폼 ※ 구획화된 플랫폼 양식을 제공하여 학습자들이 자료를 정리하고 작성할 수 있도록 지도
4	평가 및 피드백	• 형성평가, 자기·동료평가 • 피드백 ▷활용 도구: LMS, 온라인 협업 플랫폼, 온라인 평가 플랫폼	• 토의·토론 결과물 제출 • 피드백 ▷활용 도구: LMS, 온라인 협업 플랫폼

그림 2-19. 콘텐츠 활용 중심 수업 진행방법 예시

단계		단계별 활동	가정과수업 적용 예시
1	사전 준비	• 출결 확인 • 과제 수행방법 안내 ▷활용 도구: LMS	• 출결 확인 • 창의적 의생활 구상 및 프로젝트 작성방법 안내 ▷활용 도구: LMS
2	과제 제시	• 과제 및 과제에 대한 예시 제시 ▷활용 도구: LMS • 과제 수행 및 결과물 제출 ▷활용 도구: LMS	• 과제 제시 〈과제 예시〉 '창의적인 한복 디자인 연구' • 내가 입고 싶은 한복 디자인 구상하기 • 서양문화에 영향을 준 한복 디자인과 한복에 영향을 준 서양 패션 조사하기 • 유명 디자이너들의 창의적인 한복 작품 사례 및 아이디어 분석하기 ▷활용 도구: LMS • 과제 수행 및 결과물 제출 〈결과물 예시〉 자료조사를 정리한 문서 파일, 인포그래픽, 발표자료, 프레젠테이션, 영상 등 ▷활용 도구: LMS 또는 공유 드라이브[12], 온라인 설문 플랫폼[13]
3	상호작용 (교수자-학습자, 학습자-학습자)	• 댓글 등으로 교수자-학습자 상호작용 • 결과물 발표 및 공유 ▷활용 도구: LMS, 온라인 협업 플랫폼	• 제출된 과제물에 교수자-학습자 의견 달기 • 결과물 발표 및 공유 ▷활용 도구: LMS, 온라인 협업 플랫폼
4	평가 및 피드백	• 형성평가, 자기 · 동료평가 • 과제에 대한 피드백 ▷활용 도구: LMS, 온라인 협업 플랫폼, 온라인 평가 플랫폼	• 과제에 대한 피드백 ▷활용 도구: LMS, 온라인 협업 플랫폼

그림 2-20. 과제 수행 중심 수업 진행방법 예시

12 공유 드라이브: 특정 그룹이나 조직의 구성원들이 파일을 공유하고 협업할 수 있는 온라인 저장공간을 말한다.

13 온라인 설문 플랫폼: 온라인에서 설문조사를 생성·배포 및 결과를 분석할 수 있게 해주는 웹 기반 도구로, 사용자가 과제물을 수합하고 관리할 수 있는 기능도 포함하고 있다.

대단원명	소비생활과 가계 재무 설계	중단원명	책임 있는 소비생활	차시	3차시
성취기준	[12가정-02-01] 소비 시장의 동향과 소비자 구매 행동을 비판적으로 분석하여 책임 있는 소비생활 방안을 탐색하고 실천한다.				
본시 학습목표	• 소비자의 역할과 권리를 설명할 수 있다. • 책임 있는 소비생활 방안을 탐색하고 실천할 수 있다.				
학습자료	LMS, 화상수업 도구, 온라인 협업 플랫폼, PPT, 온라인 콘텐츠	학습모형 (수업방법)	원격수업(실시간 쌍방향 수업)		

학습단계		교수·학습활동
단계	과정	
도입	■ 원격수업 사전 준비	▶ 출결 확인 ▶ 음성 및 영상 송출 점검 ▶ 화상수업 규칙 및 초상권, 저작권 교육
	■ 학습목표 제시 및 확인	▶ 성취기준 및 학습목표 확인
	■ 실시간 상호작용 / (교수자-학습자) 동기 유발	▶ SDGs의 17가지 목표 중 '12. 책임감 있는 소비와 생산'과 연계하여, '책임 있는 소비생활'은 지속 가능한 발전을 위해 우리가 반드시 실천해야 할 행동임을 안내 ▶ '플라스틱 섬(Plastic Island)' 영상 시청 • 플라스틱 섬 사례를 통해 환경오염의 심각성 인지 • 이와 같은 환경문제의 발생원인 및 이러한 결과가 우리의 일상 소비 패턴과 어떤 관련이 있는지 생각해 보기 ▪ 활용 도구: LMS, 화상수업 도구, 온라인 콘텐츠
전개	■ 실시간 상호작용 / (교수자-학습자) 학습내용 설명	▶ 학습내용 설명 • 소비자의 역할 - 학습자들이 소비자로서 어떤 영향력을 가지는지 설명 - 소비자의 구매의사결정이 기업의 생산방식과 제품개발에 미치는 영향을 살펴보고, 그 결과가 지속 가능한 발전에 어떻게 기여하는지 토의·토론 • 소비자의 권리 - 소비자의 8대 권리를 이해하고, 이러한 권리를 가진 소비자로서 우리가 지속 가능한 발전을 위해 할 수 있는 선택방법에 대해 토의·토론 • 소비자의 책임 - 지속 가능한 발전을 위해 필요한 소비행동을 선택하는 것은 소비자의 중요한 몫임을 안내 ▪ 활용 도구: 화상수업 도구, PPT
	■ 실시간 상호작용 (학습자-학습자)	▶ 실천 및 표현: 포토보이스 활동 ※ 포토보이스: 학습자들이 특정 주제나 이슈에 대해 자신만의 생각과 경험을 사진으로 표현하는 활동을 말함 • 주제 선정 - 자신이 어떻게 책임 있는 소비생활을 실천할 수 있을지 방안 모색하기 • 사진촬영(※수업 전에 미리 촬영해 오도록 안내) - '책임 있는 소비생활'을 주제로 자신의 생각과 경험을 반영하는 사진 찍기

(계속)

<table>
<tr><th colspan="2">학습단계</th><th rowspan="2">교수·학습활동</th></tr>
<tr><th>단계</th><th>과정</th></tr>
<tr><td>전개</td><td>■ 평가 및 피드백</td><td>※ 사진촬영 윤리교육(초상권, 저작권)을 반드시 진행
• 초상권: 수업 및 과제가 명분이 되어 학생들이 다른 사람(친구, 가족 등)의 입장을 배려하지 않거나 장난으로 사진촬영을 하지 않도록 사전에 지도
• 저작권: 포토보이스는 참여자가 사진을 찍는 것이 원칙이나, 타인의 사진을 활용할 경우 반드시 출처를 구체적으로 밝히도록 지도

• 사진(포토보이스) 선택 및 설명
- 학습자들은 촬영한 사진 중 가장 의미 있는 사진을 1장 선택
- 온라인 협업 플랫폼에 선택한 사진 게시
- 학번, 이름, 사진의 제목, 사진의 내용(제목을 붙인 내용, 사진촬영 이유, 해당 사진과 자신의 생각, 경험 및 주제의 연관성 등)을 함께 서술
▪ 활용 도구: 화상수업 도구, 온라인 협업 플랫폼

▶ 실천 및 표현: 포토보이스 활동
• 공유 및 토론회
- 모든 학습자들이 자신의 사진과 설명을 공유
- 서로의 관점을 이해하고 문제에 대한 깊은 통찰력과 해결책을 발견
- 온라인 플랫폼의 댓글 기능을 활용하여 질의응답
- 온라인 플랫폼의 ‘좋아요’ 기능을 활용하여 개성 있는 포토보이스에 공감하기
▶ 후속활동
• 포토보이스 활동을 통해 학습한 내용을 바탕으로, 앞으로 어떻게 책임 있는 소비를 실천할 것인지에 대한 계획 작성
• 계획 공유 및 마무리
▪ 활용 도구: 화상수업 도구, 온라인 협업 플랫폼</td></tr>
<tr><td>정리</td><td>■ 차시 예고</td><td>▶ 다음 차시 예고</td></tr>
</table>

(계속)

<table>
<tr><th>채점
요소</th><th colspan="2">채점기준</th></tr>
<tr><td>포토
보이스
(20점)</td><td colspan="2">
• 주제 선정 및 자료 수집
① 책임 있는 소비생활과 관련된 주제를 선정하고, 선정이유를 명확히 설명하였는가?
② 주제와 관련하여 다양한 자료를 수집하고, 출처를 정확히 밝혔는가?
• 사진촬영 및 선택
③ 주제에 적합한 사진을 촬영하거나 수집하였으며, 그중 가장 효과적으로 주제를 전달하는 사진을 선별하였는가?
④ 사진촬영 윤리의식(초상권, 저작권 등)을 준수하였는가?
• 사진 설명 및 해석
⑤ 선택한 사진을 통해 책임 있는 소비생활에 대한 의견이나 생각을 정확하게 전달하고 해석할 수 있는가?
⑥ 사진의 구성요소와 그 구성요소가 주제와 어떻게 연결되는지 상세하게 설명할 수 있는가?
• 창의성 및 표현력
⑦ 독특한 아이디어와 창의적인 접근으로 주제에 대해 자신의 생각을 표현하였는가?
• 발표
⑧ 포토보이스 작품을 설득력 있게 발표하고, 청중의 질문에 타당한 답변을 제시하였는가?
<table>
<tr><th>평가기준</th><th>배점</th></tr>
<tr><td>평가내용에서 7~8가지를 충족함</td><td>20점</td></tr>
<tr><td>평가내용에서 5~6가지를 충족함</td><td>16점</td></tr>
<tr><td>평가내용에서 3~4가지를 충족함</td><td>12점</td></tr>
<tr><td>평가내용에서 1~2가지를 충족함</td><td>8점</td></tr>
<tr><td>평가내용에서 충족하는 기준이 없음</td><td>4점</td></tr>
</table>
</td></tr>
<tr><td>토의
(서술형)
(10점)</td><td colspan="2">
① 포토보이스 활동을 통해 분석한 내용을 바탕으로 주제와 관련된 자신의 생각을 명확하게 서술하였는가?
② 주제를 종합적으로 이해하고 있는가?
③ 글의 구성이 명확하고, 글 전체의 흐름이 자연스러운가?
<table>
<tr><th>평가기준</th><th>배점</th></tr>
<tr><td>평가내용에서 3가지를 충족함</td><td>10점</td></tr>
<tr><td>평가내용에서 2가지를 충족함</td><td>8점</td></tr>
<tr><td>평가내용에서 1가지를 충족함</td><td>6점</td></tr>
<tr><td>평가내용에서 충족하는 기준이 없음</td><td>4점</td></tr>
</table>
</td></tr>
<tr><td colspan="2">기본점수</td><td>5점</td></tr>
<tr><td colspan="2">미인정 장기 결석자, 미제출, 수행평가 중 부정행위자, 불성실한 수업태도 등 기본점수를 부여할 수 없는 학생</td><td>1점</td></tr>
</table>

8. 가정과교육의 블렌디드 러닝

1) 블렌디드 러닝의 개념

블렌디드 러닝Blended Learning(혼합수업)이란 학습자들의 학습경험을 극대화하기 위하여 두 가지 이상의 전달기제(온·오프라인 학습환경 간 전달기제)와 학습방법론을 학습목적에 근거하여 적절히 통합함으로써 학습자의 학습환경을 최적화하려는 학습 전략이다(김도헌 외, 2003). 최근에는 온라인 수업과 오프라인 수업을 혼합하여 학습의 효과를 극대화하는 교수·학습방법으로 보편화되어 사용되고 있다.

즉, 블렌디드 러닝은 온라인과 오프라인 수업의 장단점을 바탕으로 두 가지 학습방식을 결합하여 배치하는 형태이며, 교수자들은 학습자들을 위해 새로운 학습 환경 조성을 목적으로 온라인과 오프라인 수업 중에 최적의 수업형태를 선택해서 결합할 수 있다(Jared Stein 외, 2016).

최근 대규모 감염병의 발생 등으로 전통적인 교육방식에 변화가 요구됨에 따라 교육부와 각 시·도 교육청은 적극적으로 '원격수업'과 '블렌디드 러닝(온·오프라인 혼합형 수업)'에 대한 운영지침과 과목별 사례집을 발간하였다. 이들 기관에서 제시한 블렌디드 러닝의 개념을 종합해 보면, 블렌디드 러닝은 온라인 수업과 오프라인 수업을 연계하여 학습의 효과를 높이는 교수·학습방법으로, 원격수업[14]의 한계를

그림 2-21. 학습 스펙트럼

자료: Jared Stein 외(2016)

---

14 이하 이 절에서는 '원격수업'을 '온라인 수업'으로 통일하여 표기한다.

극복하기 위해 온라인 수업에 오프라인 수업의 장점을 혼합하는 전략을 취한다. 그리고 교육현장에서는 학습자들에게 효과적인 학습을 제공할 수 있는 블렌디드 러닝을 실현하기 위해 성취기준을 재구조화[15]하여 학습량의 적정화, 맥락화된 학습경험 제공 등을 추구하고 있다. 또한 교수자와 학습자, 학습자와 학습자 간의 상호작용과 피드백을 활발하게 하여 학습자가 수업의 주체가 될 수 있는 교수·학습방법을 설계하고 있다.

블렌디드 러닝의 핵심 방향성은 크게 두 가지로 나눌 수 있다. 첫째, 온라인 수업과 오프라인 수업을 유기적으로 연계하여 하나의 맥락화된 교육경험을 만들어야 한다. 단순히 오프라인 수업을 그대로 온라인 수업에 적용하는 것이 아니라, 교수자들이 '디지털 성형digital facelift'에서 벗어나 의도적으로 수업과정을 재설계하여 새롭게 변환된 블렌디드 과정을 만들어내야 한다(Jared Stein 외, 2016). 둘째, 교수자가 학습자 참여형 수업을 설계하고 운영하며 상황에 따라 다양한 역할을 수행해야 한다. '러닝'이란 단어에서 알 수 있듯이, 블렌디드 러닝은 학습에 초점을 맞춘 교육방법론으로, 교수자의 역할은 지식 전달자를 넘어 학습 촉진자, 멘토, 학습경험 설계자로 변화해야 한다(최정순 외, 2023). 이를 통해 학습자들의 주체적인 참여를 독려할 수 있다.

블렌디드 러닝의 중요성은 점차 더 크게 인식되고 있다. 2022 개정 교육과정에서는 이전과 달리 정보통신기술 매체를 활용한 교수·학습방법의 다양화와 지능정보기술을 통한 학습자 맞춤형 학습을 강조하고 있다. 디지털 교육환경 변화에 부응하는 새로운 교수·학습방법, 평가체제 구축, 온·오프라인이 연계된 효과적인 교수·학습 및 평가 실현을 요구하고 있다. 그리고 교육부(2023)는 모든 학습자의 성장을 지원하고 공교육의 경쟁력을 강화하기 위한 다양한 방안을 제시하였다. 여기에

15 성취기준 재구조화: 교육과정 성취기준을 실제 평가의 상황에서 준거로 사용하기 적합하도록 보다 구체적이고 명료하게 하는 것을 의미한다. 다만, 성취기준을 통합하거나 일부 내용을 압축하여 재구조화할 경우, 성취기준의 내용요소 일부가 임의로 삭제되지 않도록 유의해야 한다. 또한 일부 내용요소를 추가해야 할 경우에는 학습자의 학습 및 평가 부담이 가중되지 않도록 학년(군), 학교급 및 교과(군) 간의 연계성을 충분히 고려해야 한다.

는 에듀테크 활용, 토론 및 프로젝트 학습, 거꾸로 학습flipped learning[16] 등 학습자들 사이의 상호작용과 참여를 촉진하는 혁신적인 교수·학습방법 그리고 하이터치·하이테크[17] 수업 혁신 등이 포함되어 있다. 또한 교육과정 다양화와 과목 선택권 확대를 위해 온라인학교[18]와 (온라인)공동교육과정을 구축하는 데 힘쓰고 있다. 이러한 변화는 미래 교육 실현을 위해 블렌디드 러닝에 대한 충분한 이해와 적용능력이 필수적임을 시사한다. 그러므로 미래 교육 패러다임으로 자리매김하는 블렌디드 러닝을 가정과수업에 효과적으로 적용할 수 있는 방안을 끊임없이 연구하고 실천해나가야 한다.

2) 블렌디드 러닝의 분류

블렌디드 러닝에서 가장 널리 사용되는 마이클 혼Michael Horn과 헤더 스테이커Heather Staker의 분류와 우리나라 교육부에서 제시한 블렌디드 러닝 모형 예시를 통해, 블렌디드 러닝에 대한 이해를 높이고자 한다.

(1) 블렌디드 러닝 모형

다음은 마이클 혼과 헤더 스테이커가 제시한 블렌디드 러닝의 분류이다(**그림 2-22, 표 2-37**). 이들의 분류는 전 세계적으로 널리 인정받고 있으며, 많은 교육기관과 연구자들이 이를 참고하여 교육 모형을 개발하고 있다.

---

16 거꾸로 학습(flipped learning): 가정에서 미리 온라인 수업으로 학습에 참여하고, 이후 오프라인 수업에서 교수자가 이끄는 실습이나 프로젝트에 참여하는 방식을 말한다.

17 • 하이터치(high-touch): 교수자가 지식 전달자 위치에서 벗어나 학습자의 학습 참여를 유도하고 사회적·정서적 역량을 함양한다.
• 하이테크(high-tech): AI 디지털 교과서, AI 코스웨어 등의 디지털 기술을 활용하여 개인별 최적화된 맞춤교육을 제공한다.

18 온라인학교: 교실, 교수자 등을 갖추고 소속 학습자 없이 시간제 수업을 제공하는 새로운 형태의 각종 공립학교를 말한다. 온라인학교는 실시간 쌍방향 원격수업, 블렌디드 러닝 등의 방식으로 개별 학교에서 개설이 어려운 과목 등을 제공한다.

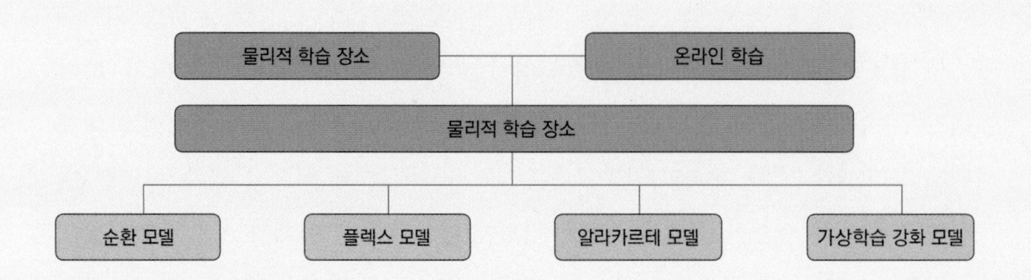

그림 2-22. 블렌디드 러닝 모형

자료: Michael B. Horn 외(2017)

표 2-37. 블렌디드 러닝 모형별 특징

종류	내용
순환 모델 (rotation model)	• 기존의 학교 수업방식에 온라인 학습을 약간 첨가한 방식 • 정해진 시간이나 교수자의 판단에 따라 학습자들이 적어도 하나의 온라인 학습을 포함한 여러 학습형태 사이에서 순환하는 학습과정이나 교과목 • 학습자들은 숙제가 있는 경우를 제외하면 주로 학교에서 공부 • 대표적 예: 거꾸로 수업(플립 러닝)
플렉스 모델 (flex model)	• 순환 모델보다 유동적인 형태 • 학습자가 필요할 때와 상황에 맞춰 온라인 학습과 개인 지도, 소그룹 토론 등 오프라인 학습 사이를 번갈아가며 학습할 수 있음 • 온라인 학습이 학습의 근간이 되며, 때때로 학습자들을 오프라인 학습활동으로 이끎 • 성적 관리 교수자는 학습현장에 있으며, 학습자는 숙제가 있는 경우를 제외하면 대부분 학교에서 학습에 참여 • 비슷한 예: 방송통신대학, 사이버대학
알라카르테 모델 (A La Carte model)	• 학습자가 학교에 다니기는 하지만 선택교과나 정규 외 교육과정의 교과 등 오로지 온라인으로만 학습하는 경우를 의미 • 주로 학교에서 개설되지 않은 과목을 방과 후, 자습시간 등을 활용하여 온라인으로 수강하는 경우가 많음 • 학교나 다른 장소에서도 알라카르테 학습과정을 수강할 수 있음 • 온라인 학습과정에 면대면 학습요소가 빠져 있으나 학습자들이 온라인 학습과 학교 교육을 혼합하여 경험하고 있으므로 블렌디드 러닝의 한 형태라고 할 수 있음 • 성적 관리 교수자는 온라인 수업 교수자 • 대표적 예: 온라인학교, 온라인 공동교육과정
가상학습 강화모델	• 필수 면대면 학습시간을 제공하되, 그 외 다른 학습에 대해서는 원하는 어떤 장소에서든지 온라인 수업을 들을 수 있도록 하는 학습과정 • 예를 들어 화, 목요일에 면대면 학습시간을 요구한다면, 월, 수, 금요일은 학습자 혼자서 어떤 장소에서든 온라인 수업을 받을 수 있으며, 상황에 따라 필수 면대면 학습빈도를 조정하여 운영 • 학교에서의 경험을 반드시 요구하므로 풀타임 온라인 학습과정과 차이가 있음 • 일반적으로 동일한 교수자가 온라인 수업과 오프라인 수업을 동시에 수행 • 아직 국내에서는 완전히 실현된 사례가 많지 않음 • 비슷한 예: 온라인 기반 대학원 프로그램

자료: Michael B. Horn 외(2017), 블렌디드, p.64~94 재구성

(2) 한국 블렌디드 러닝 모형

한국에서도 이러한 국제적인 흐름에 따라 블렌디드 러닝이 점차 도입되었으며, 최근 교육부(2020)에서는 온라인 수업 내에서도 실시간 쌍방향 수업, 콘텐츠 활용 수업, 과제수행형 수업 등 다양한 방법을 블렌디드 하여 지역·학교 실정과 학습자들의 발달단계에 따라 다양하게 적용하여 수업을 운영할 수 있다고 제시하고 있다.

표 2-38. 한국 블렌디드 러닝 모형

구분	세부 모형 예시
온라인 수업 간 블렌디드	콘텐츠 활용 수업(예습) + 실시간 쌍방향 온라인 수업
	실시간 쌍방향 온라인 수업 + 과제수행형 온라인 수업
	콘텐츠 활용 수업 + 과제수행형 온라인 수업 + 실시간 쌍방향 온라인 수업
온라인 수업 + 오프라인 수업 간 블렌디드	온라인 수업(예습 학습) + 오프라인 수업(피드백, 프로젝트 학습 등) 모형
	온라인 수업(핵심개념 학습) + 오프라인 수업(확인 과제학습·피드백) 모형

3) 블렌디드 러닝의 설계방법

블렌디드 러닝을 효과적으로 실현하기 위해서는 수업을 설계하는 교수자가 온라인과 오프라인 수업의 특성을 충분히 이해하고 반영하여 설계해야 한다. 따라서 블렌디드 러닝을 체제적으로 설계하기 위해서는 다음을 고려할 수 있다.

(1) 학교·가정의 물리적 환경 및 학습자의 요구와 역량 분석

블렌디드 러닝을 실현하기 위해서는 먼저 단위학교와 가정에서 온라인 수업이 가능한 디지털 기기와 통신망이 준비되어야 한다. 이후 학습자들의 디지털정보 활용 역량, 학습자 수, 학습자 특성 등을 고려하여 최적의 온라인 플랫폼과 에듀테크를 선정한다. 이때 선정된 온라인 플랫폼과 에듀테크의 사용법이 학습자들에게 사전에 충분히 안내되어야 하며, 이를 통해 학습자들이 기술 사용에 대한 부담 없이 학습에 집중할 기회를 제공해야 한다.

다음으로 교수자나 교육기관에서 설정한 목표와 각각의 학습자들이 추구하는 개별적인 학습목표를 동시에 고려하는 것이 중요하다. 이는 '학습자가 배우려는 것', '학습동기', '다양한 학습 스타일' 등을 파악함으로써 가능하다. 그리고 이러한 정보를 바탕으로 적절한 교육유형과 전략을 세울 수 있다. 여기서 주의해야 할 점은 한 가지 방식의 교수·학습방법이나 하나의 온라인 플랫폼에만 의존하지 않도록 하는 것이다. 왜냐하면 이러한 접근법은 모든 학생의 다양한 필요성과 선호도를 충족시키기 어렵기 때문이다. 따라서 최적의 학습결과를 위해서는 다양한 온·오프라인 블렌디드 방식과 다양한 교수·학습법의 조합을 고려해야 한다.

(2) 맥락화된 수업 설계 및 교수전략·매체 선정

블렌디드 러닝을 통해 학습자들에게 유의미한 학습경험을 제공하기 위해서는 맥락화된 수업설계를 해야 한다. 이를 위해서는 학교, 교실, 가정의 상황을 고려하여 교육과정 내용의 일부를 통합하거나 순서를 조정하는 등 교육과정의 재구성과 성취기준의 재구조화를 통해 학습목표를 구체적이고 명료하게 설정해야 한다.

학습목표를 설정했다면 온·오프라인 학습활동의 특성을 고려하여 다양한 혼합방식(공간 활용, 시간, 그룹 크기, 교수·학습방법, 에듀테크 등)을 결정해야 한다(최정순 외, 2023). 이 과정에서는 수업에서 학습자들의 배움을 끌어내기 위한 최적의 온·오프라인 수업 비율과 배치를 고려해야 한다. 블렌디드 과정 설계 시 가장 기본적인 질문은 '이 수업이 온라인 수업과 오프라인 수업 중 어디에 더 적합한가?'이다. 온라인 혹은 오프라인에서 학습활동이 어떻게 배치되는지에 따라 수업의 설계가 다양해지기 때문이다(Jared Stein 외, 2016). 이후 배치한 온·오프라인 수업을 실현하기에 적합한 교수·학습자료(교재, 콘텐츠 등)를 선정·재구성·개발(최정순 외, 2023)하고 적절한 교수·학습방법을 선정해야 한다. 즉, 교수자는 온라인 학습과 오프라인 학습, 다양한 온라인 플랫폼과 매체들의 장점(**표 2-39**)을 이해하고, 이를 수업의 적재적소에 배치할 줄 알아야 한다.

표 2-39. 온라인 활동과 오프라인 활동의 장점

활동유형	온라인 활동	오프라인 활동
강의, 프레젠테이션, 예제 등	• 시간과 공간의 유연성 • 재사용 가능 • 학습자가 진도 조절 가능	• 여러 감각을 활용 • 자발성 • 교수자의 자세한 설명 기회
'직접 해보는' 실습[19]	• 시뮬레이션 및 가상환경의 제한이 없음 • 개개인의 실습 지원 • 학습자가 진도 조절 가능	• 학급 전체에 대한 동시 모니터링 • 공유되는 신체적 활동 고려
자기평가 퀴즈	• 맞춤식 문제 선택 • 채점 자동화 • 자동 피드백 • 여러 번 응시 가능	• 부정행위에 대한 통제가 용이

자료: Jared Stein 외(2016), 블렌디드 러닝 이론과 실제

(3) 학습자 참여를 높일 수 있는 교수·학습자료 제작

블렌디드 러닝에서는 학습자의 주도적인 참여가 매우 중요한데, 특히 온라인 수업에서 중요성이 더욱 강조된다. 앞서 원격수업에서 설명한 것처럼 교수자와 학습자, 학습자와 학습자가 물리적으로 떨어져 있으면 학습자는 심리적 거리감이 멀어져 불안감과 고립감을 느낄 수 있기 때문이다. 따라서 학습자들이 온·오프라인 수업 모두에 의미 있는 참여를 할 수 있도록 교수·학습자료를 제작해야 한다. 이러한 교수·학습자료는 학습자들이 자신의 학습을 주도적으로 이끌어가도록 하는 매개체 역할을 한다.

수업에서 학습자의 참여를 높이기 위해 상호작용을 증진하는 것은 중요하며. 요소에는 교수자-학습자 간 상호작용, 학습자-학습자 간 상호작용, 학습자-콘텐츠 간 상호작용이 있다.

온라인 수업에서 교수자-학습자 간 상호작용과 학습자-학습자 간 상호작용은 실시간 화상수업 플랫폼을 통해 음성과 영상을 주고받으며 할 수 있다. 또한 온라

---

19 '직접 해보는' 실습: 학습자들이 배운 내용을 실제와 동일하거나 유사한 상황에서 적용해볼 수 있도록 설계된 활동을 말한다.

인 협업 플랫폼에서 댓글, 채팅 등을 통해 원격토론을 진행하여 실시간 상호작용을 할 수 있다. 만약 온라인 수업에서 상호작용이 부족하다면, 오프라인에서는 온라인 수업의 내용과 연계하여 토론, 프로젝트, 실습 등의 교류가 이루어지는 수업을 준비하는 것이 좋다. 그리고 학습자-콘텐츠 간 상호작용은 디지털 콘텐츠를 활용하는 경우가 있다. 온라인 평가 플랫폼을 통해 학습하거나 생성형 AI를 활용하여 토론을 진행하는 등 다양한 방식으로 학습자-콘텐츠 간 상호작용을 활성화할 수 있다.

그리고 교수·학습자료 제작 시 고려한 학습자에게 기대되는 역할, 수업진행 일정 및 절차, 평가기준 등을 온·오프라인 수업환경에서 항상 학습자들과 공유(최정순 외, 2023)함으로써 학습자들이 자신의 학습을 스스로 계획하고 점검하며 통제할 수 있도록 해야 한다. 학습자는 자신의 학습에 주도권을 가지고 있을 때 주체적으로 수업에 임하며 책임감을 느끼고 학습에 참여하기 때문이다.

(4) 학습자 맞춤형 피드백 제공

블렌디드 러닝에서 피드백은 매우 중요한 요소이므로 학습자의 학습성취에 따라 학습자 맞춤형 피드백이 가능하도록 다양한 피드백 방식을 고려해야 한다. 따라서 교수자는 온·오프라인 수업에서 개별학습, 협력학습, 학습자 간 소통, 교수자와의 소통을 지원하는 플랫폼이나 도구를 적절하게 활용하여 피드백을 제공하며, 이 과정에서 학습자가 자신의 학습진행 상황을 점검해보고 미흡한 점을 성찰할 수 있도록 안내해야 한다(최정순 외, 2023). 이에 학습자에 대한 효과적인 피드백의 특징은 **그림 2-23**과 같다.

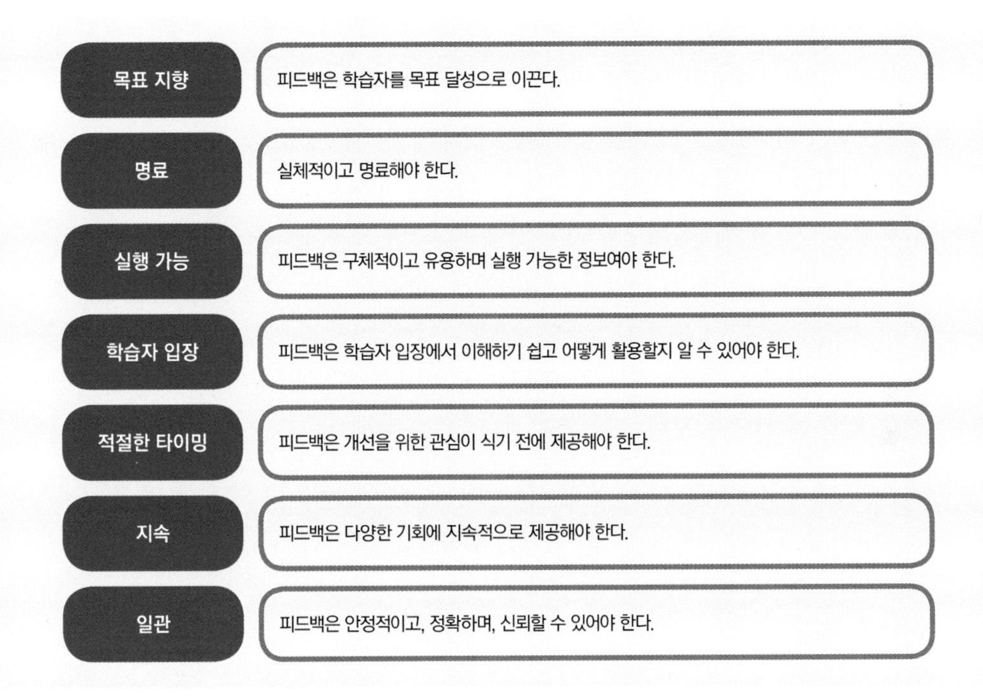

그림 2-23. 효과적인 피드백의 특징

자료: 인천광역시교육청(2020), 학생주도학습으로 미래를 여는 인천형 블렌디드 수업을 바라보다

(5) 평가

평가는 학습자들의 성장과 발달을 돕기 위한 것으로, 학습 도달 정도를 파악하고 결손을 방지하기 위해 사용된다. 블렌디드 러닝 설계 시, 교수자는 재구조화된 성취기준을 기반으로 학습자들의 학습목표 도달 정도를 평가할 수 있는 요소를 분석한다. 그리고 학습자마다 개별화되고 맞춤형으로 제공할 수 있는 평가를 계획하고 실행해야 한다. 이를 위해 온라인과 오프라인 수업의 특성에 적합한 평가방법을 찾아야 한다. 이러한 환경에서 학습자들이 얼마나 잘 참여하고 있는지 측정하는 것도 중요한 요소가 될 수 있다. 따라서 평가목적, 학습과제 및 학습환경의 특성 등을 고려하여 계획된 온·오프라인의 다양한 평가방식을 적용(최정순 외, 2023)하려고 노력해야 하며, 모든 학생에게 공정하게 접근하는 것이 필수적이다. 그리고 평가계획을 수립했다면 평가시기, 평가과정별 지침, 평가기준 등을 구체적으로 명시화하여 학습자들에게 미리 제시하여 학습자들이 혼란하지 않도록 해야 한다. 특히, 온라인

수업에서 평가가 진행될 경우 학습자들의 디지털 기기나 통신망에 문제가 생겨 접속할 수 없는 상황에 대비하여 사전에 대체방안을 수립해야 한다.

(6) 교육과정 운영 및 환류(피드백)[20]

블렌디드 러닝에서 학습과정과 결과에 대한 소통은 매우 중요하다. 이를 통해 교수자들은 제공된 블렌디드 러닝이 학습자에게 맥락화된 학습경험을 제공하고 유의미한 정보를 전달하였는지 확인할 수 있다. 그리고 이러한 피드백은 다음 학습과정 설계 시 반영되어, 교수자들이 학습자의 성장과 발전을 위한 더 나은 블렌디드 러닝 환경을 만들 수 있도록 돕는다. 따라서 이 과정에서는 '교육과정-수업-평가'가 일체화되었는지, 학습량이 적정했는지 등을 검토해야 한다. 또한 수업 주체 간 상호작용과 피드백이 원활하게 이루어졌는지도 확인해야 한다.

(7) 정보윤리교육

블렌디드 러닝에는 온라인 수업 및 학습이 포함되어 있기 때문에 학습자가 온라인 환경에서 안전하고 윤리적으로 학습할 수 있도록 수업에 적합한 정보윤리교육을 수시로 해야 한다. 수업시간에 다룰 수 있는 정보윤리교육은 대표적으로 온라인 예절, 개인정보 보호, 저작권 보호, 초상권 보호, 사이버폭력 예방, 디지털 보안, 디지털 리터러시digital literacy 등이 있다. 이러한 정보윤리교육은 교수자의 설명, 온라인 학습 플랫폼에 교육자료 게시, 교육자료 배포 등을 통해 실천할 수 있다. 지속적인 정보윤리교육을 통해 학습자가 자신의 권리를 보호하고 다른 사람의 권리를 침해하지 않는 바람직한 태도를 형성하고 정보를 비판적으로 수용하여 올바르게 활용하는 디지털 리터러시 역량을 함양할 수 있도록 지도해야 한다.

---

20 '블렌디드 러닝 교육과정' 그 자체에 대한 피드백을 의미한다.

<table>
<tr><td>대단원명</td><td>인간 발달과 가족 관계</td><td>중단원명</td><td>사랑과 결혼</td><td>차시</td><td>3차시</td></tr>
<tr><td>성취기준</td><td colspan="5">[12기가01-01] 건강한 가족 형성의 기반이 되는 사랑과 결혼의 의미를 이해하고 행복한 결혼에 대한 가치를 탐색한다.</td></tr>
<tr><td>본시
학습목표</td><td colspan="5">• 사랑의 의미와 요소를 설명할 수 있다.
• 성숙한 사랑을 이루기 위해 필요한 실천방안을 모색할 수 있다.</td></tr>
<tr><td>학습자료</td><td colspan="2">LMS, 화상수업 도구, 온라인 협업 플랫폼, PPT</td><td>학습모형
(수업방법)</td><td colspan="2">블렌디드 러닝
(온라인 수업 + 오프라인 수업)</td></tr>
</table>

<table>
<tr><td colspan="2">학습단계</td><td rowspan="2">교수·학습활동</td></tr>
<tr><td>과정</td><td>단계</td></tr>
<tr><td rowspan="3">온라인
수업</td><td>도입</td><td>▶ 출결 확인
▶ 음성 및 영상 송출 점검
▶ 온라인 수업 규칙 및 초상권, 저작권 교육</td></tr>
<tr><td>전개</td><td>▶ 성취기준 및 학습목표 확인
▶ 동기 유발
• '사랑'을 떠올렸을 때 자신의 마음에 와닿는 '시' 또는 '가사'를 온라인 협업 플랫폼에 적어 공유하고 발표하도록 한다.
- 학습자들이 온라인 협업 플랫폼에 자신의 의견을 공유하고 동료들의 생각을 확인하는 동안, 교수자는 학습자들이 작성한 가사의 노래를 '오늘의 BGM', '오늘의 플레이리스트'라는 이름으로 공유하며 재생할 수 있다. 이 과정에서 함께 노래를 듣고 자유롭게 감상평을 나누면서 수업 내 소통을 활성화하고 분위기를 더욱 즐겁게 만들 수 있다.
- 교수자와 학습자, 학습자와 학습자 간의 상호작용을 촉진하기 위해 온라인 협업 플랫폼의 댓글이나 '좋아요' 기능을 활성화할 수 있다. 그러나 투표(공감 / 비공감 등) 기능은 장난이나 비방으로 남용될 가능성이 있으므로 사용을 지양하는 것이 좋다.
▶ 학습내용 설명
• 사랑의 의미, 사랑의 구성요소, 사랑의 삼각형을 설명한다.
- 다양한 사례를 제시함으로써 학습자들이 자신의 삶에 적용하고 이해하는 데 도움을 주는 방향으로 학습을 안내한다.
- 일방향적 설명이 되지 않도록 유의한다.

▪ 활용 도구: 화상수업 도구, 온라인 협업 플랫폼, PPT</td></tr>
<tr><td>정리</td><td>▶ 다음 차시 예고
• 자신이 생각하는 '성숙한 사랑'을 표현할 수 있는 이미지나 장면을 찍어오도록 한다.

※ 실천적 추론을 할 수 있는 구체적인 주제를 제시할 수 있음
예시 1. 성숙한 사랑을 표현할 수 있는 다양한 방법에는 무엇이 있을까?
예시 2. 내가 성숙한 사랑을 하고 있다면 사랑의 시작과 종료는 어떻게 해야 할까?
예시 3. 성숙한 사랑을 위해 연인 간의 의사소통은 어떻게 이루어져야 할까?

▶ 사진촬영 윤리교육(초상권, 저작권, 안전교육)

▪ 활용 도구: LMS, 화상수업 도구</td></tr>
</table>

(계속)

학습단계		교수·학습활동
과정	단계	
온라인 수업	도입	▶ 출결 확인 ▶ 음성 및 영상 송출 점검
	전개	▶ 전체 토의 • '성숙한 사랑'을 주제로 토의한다. • 학습자들은 온라인 협업 플랫폼에 접속하여 자신이 찍어온 '성숙한 사랑'을 표현한 사진 업로드 및 사진에 대한 의견을 작성한다. • 발표 및 교수자-학습자, 학습자-학습자 간 피드백을 공유한다. ▶ 모둠별 토의내용을 바탕으로 오프라인 수업에서 '성숙한 사랑'을 알리는 인포그래픽 제작을 안내한다. ▶ 모둠별 토의 • 학습자들은 모둠별로 소회의실에 입장하여 자신이 찍어온 사진을 소개한다. • 우리 모둠의 의견을 가장 잘 나타낼 수 있는 최고의 사진을 선정한다. • 선정한 최고의 사진에 대해 토의한다. • 인포그래픽에 들어갈 내용을 구상한다. ▪ 활용 도구: 화상수업 도구, 온라인 협업 플랫폼, PPT
	정리	▶ 다음 차시 예고 • '성숙한 사랑'을 주제로 한 인포그래픽 제작을 안내한다. ▪ 활용 도구: LMS, 화상수업 도구
오프라인 수업	도입	▶ 온라인 수업내용 복습 ▶ 건강한 가족 형성의 기반이 되는 '성숙한 사랑'을 알리는 인포그래픽 제작 안내
	전개	▶ 인포그래픽 제작 • 수작업으로 제작하는 경우 - 사진 출력물, 2절지, 유성매직, 색연필, 색종이 등을 제공한다. • 온라인 툴로 제작하는 경우 - 무료 인포그래픽 제작 사이트 이용을 안내한다. ▶ 발표 • 모둠의 발표자는 사진을 중심으로 '성숙한 사랑'에 대한 내용을 발표한다. ▶ 평가 • 스티커를 통해 평가한다. - 스티커는 모든 모둠에 1개씩 붙인다. <스티커 예시> 5개 모둠 기준 • 빨간색: 주제 적합성, 통찰력이 뛰어남 • 초록색: 창의력이 뛰어남 • 파란색: 설득력이 높음, 의사소통능력이 뛰어남 • 노란색: 따뜻한 마음이 돋보임, 배려심이 넘침 ※ 스티커 평가 Tip 제일 우수한 모둠에게만 스티커를 붙일 경우 스티커를 많이 받는 모둠과 적게 받는 모둠이 생겨 본의 아니게 성적과 순위가 매겨진다. 이에 모든 모둠에 1개의 스티커를 붙이도록 지도하되, 스티커의 색깔을 정하여 각 모둠의 작품과 발표의 개성을 인정할 수 있도록 한다.
	정리	▶ 다음 차시 예고

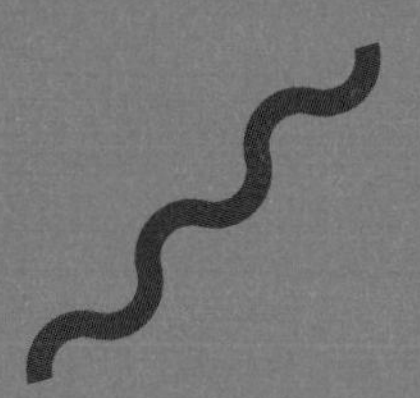

CHAPTER 3

가정과교육의 학습평가 및 실제

●

3장에서는 예비 가정과교사, 현직 가정과교사들이 현장에서 참고하고, 바로 적용해 볼 수 있도록 실제로 사용되는 다양한 평가 사례를 다룬다. 교육평가의 이론과 실제를 전반적으로 담아내고, 교육평가 개념, 참조 준거에 의한 평가, 문항 제작과 유형, 학교현장의 평가 방향, 평가계획 등을 제시하여 평가에 대한 이해를 돕고, 문항 제작 및 평가계획 수립에 실제로 활용할 수 있도록 하였다.

1. 가정과교육의 평가 개념

교육평가는 목적에 따라 교육을 실시한 후 교육이 제대로 이루어졌는지를 확인하는 작업으로, 학습과 교육과정에 최대한 도움을 주어 학습효과를 극대화하는 것에 목적을 둔다(성태제 외, 2012). 즉, 평가는 학습자들이 수업내용을 얼마나 이해하고 목표에 어느 정도 도달하였는지 점검할 수 있는 과정으로서 중요하다. 교육평가를 실시할 때 고려해야 할 기본 원칙은 **표 3-1**과 같다.

표 3-1. 평가의 기본 원칙

원칙	내용
반응성	• 피드백은 학습목표와 성취기준에 맞는 목표를 설정하여 단순한 시험성적 평가가 아니라 전체적인 학습 달성도를 평가하는 과정이다. 이를 통해 자기 학습 성찰, 동료 피드백, 수정 기회가 제공되어 지속적인 발전과 개선이 가능해진다.
유연성	• 수업설계, 교육과정, 평가는 유연성과 적응력이 필수적이다. 평가와 그에 대한 반응이 항상 예상한 대로 일치하지 않을 수 있으므로 학습자와 환경에 맞추어 조절할 수 있어야 한다.
통합적 접근	• 평가는 수업 지도가 끝난 후나 학사 일정에 정해진 한 주 동안만 진행되는 부수적인 활동이 아닌, 일상적인 교수활동에 포함되어야 한다. • 평가는 메타인지를 통해 많은 정보를 얻게 된다. 학습자들은 평가를 통해 자신의 선택에 대해 생각하고, 대체할 수 있는 전략을 발견하며, 이전에 습득한 지식을 다른 상황에 적용하고, 다양한 방법으로 지식을 나타내는 기회를 얻을 수 있어야 한다.
유용한 정보 제공	• 학습목표, 교수전략, 평가방법, 성적보고과정이 명확하고 긴밀하게 연계되어야 한다. • 학습자들은 자신이 거치는 단계와 사고과정을 보여주어 동료 학습자나 교수자가 검토할 수 있도록 한다. • 복잡한 학습에는 시간이 필요하다. 학습자들은 논리적인 순서에 따라 이전 학습을 바탕으로 새로운 학습을 진행하며, 학습은 기술이 발전하고 성장함에 따라 점차 어려워지고 복잡해진다.
다중 방법	• 평가는 다양한 전략을 포함하며 연속적인 구조를 형성하는 것이 일반적이다. • 학습자들은 적정한 과제, 프로젝트, 임무 수행을 통해 지식 및 기술을 보여주어야 한다. • 학습과정과 결과를 모두 가치 있게 생각해야 한다.
체계성	• 긴밀하게 연계된 종합적인 평가시스템은 균형 있게 구성되어야 하며, 학습자와 교수자를 비롯한 모든 이해관계자를 포함한다. 그리고 그 목표는 모든 수준에서 개선을 지원해야 한다.

(계속)

원칙	내용
의사소통적	• 평가 데이터에 대한 의사소통은 모든 이해당사자에게 분명하고 투명하게 이루어져야 한다. • 평가결과는 성취기준에 기반한 의견과 함께 정기적으로 데이터베이스에 저장되며, 모든 이해당사자가 열람하고 이해할 수 있는 방식으로 제공되어야 한다. • 학습자들은 진행상황에 대한 정기적인 피드백을 받아야 한다. 학부모들도 진행상황이 시각화된 보고서 및 평가 데이터를 통해 지속적으로 정보를 받을 수 있어야 한다.
절차적 타당성	• 학습자들의 요구에 맞추어 평가과정에서 조정·조절되며 이는 모든 학습자에게 공정하게 이루어져야 한다. 학습자들은 자신이 알고 있는 지식과 그 지식을 어떻게 자신의 상황에 적합하게 응용할 수 있는지를 보여줄 수 있어야 한다. • 평가가 신뢰성을 확보하기 위해서는 정확하고 절차상 타당해야 한다. 이를 통해 사용자들이 평가를 실행하거나 데이터를 해석할 때 일관된 결과를 얻을 수 있다. 또한 모든 관련된 상황에서 의사결정에 필요한 정확한 정보를 제공할 수 있다.

자료: Laura Greenstein(2021), 수업에 바로 쓸 수 있는 역량평가 매뉴얼

2. 가정과교육의 평가유형

교육평가는 교육이 시작되기 전부터 교육이 끝난 후까지 교수·학습 진행순서에 따라 이루어진다. 또한 평가는 가치 판단의 기준에 따라 다양한 형태로 이루어진다. 이처럼 교육평가를 바라보는 관점과 유형에 따라 평가 활용방식과 종류가 달라진다.

1) 교수·학습 진행순서에 따른 교육평가

교육평가는 교육의 전체 과정에서 진행순서에 의하여 실시되는 평가로, 진단평가, 형성평가, 총합평가의 세 가지 평가를 통해 지속적이고 종합적으로 이루어진다. 학습하기 전, 즉 교육이 시작되기 전에 진단평가를 통해 학습자의 특성을 파악하고, 그 교수법이 학습자에게 적절한지 확인하기 위하여 교육 진행과정에서 형성평가를 한다. 교육이 끝난 후에 학습자가 교육목표를 달성했는지 종합으로 판정하고, 교수·학습효과가 있는지 확인하기 위하여 총합(총괄)평가가 이루어진다.

표 3-2. 진단평가, 형성평가, 총합평가의 비교

구분 내용	진단평가	형성평가	총합평가
시기	• 교수·학습 시작 전(단원, 학기, 학년 초)	• 교수·학습 진행 도중(수시평가)	• 교수·학습 완료 후
목적	• 적절한 교수 투입 • 출발점 행동의 확인	• 교수·학습 진행의 적절성 • 교수법(프로그램) 개선	• 교육목표 달성 판정 • 교육프로그램 선택 결정 • 책무성
기능	• 편성(placement) • 선수학습능력 진단 • 학습장애요인 파악 및 교정	• 피드백 제공으로 학습 촉진 • 교수방법 개선	• 성적 판정 • 자격 부여 • 수업효과 확인
평가방법	• 비형식, 형식적 평가	• 비형식, 형식적 평가	• 형식적 평가
주체	• 교사	• 교사, 학생	• 교사, 교육 전문가
평가기준	• 준거참조평가	• 준거참조평가	• 규준참조평가 혹은 준거참조평가
평가문항	• 준거에 부합하는 문항	• 준거에 부합하는 문항	• 규준참조: 다양한 난이도 • 준거참조: 준거에 부합하는 문항

자료: 김석우 외(2022). 교육평가의 이론과 실제. p.56 재구성

2) 참조준거에 의한 평가[1]

(1) 규준참조평가

상대평가 또는 상대비교평가라고도 하며, 한 학생이 얻은 점수나 측정치를 비교집단의 규준에 비추어 상대적인 비교를 통해 서열에 의하여 해석·판단하는 평가를 말한다. 대표적인 예로 백분위, Z점수, T점수, 등급제(수능 9등급 등) 등이 있다.

① 장점

- 개인차 변별이 가능하며, 상대적인 위치를 파악하여 우열을 가리기 쉽다.

1 성태제(2014). p.111~123 재구성

- 경쟁을 통한 학습동기를 유발할 수 있다.
- 객관적인 검사가 이루어지므로 교사의 편견을 배제할 수 있다.

② 단점

- 상대적 서열을 중시하고, 무엇을 얼마만큼 아느냐에 중점을 두지 않기 때문에 교육목표 달성도 및 무엇을 가르치고 배워야 하는가에 대한 확인이 어렵다.
- 과도한 경쟁심 조장으로 서열주의식 사고, 검사 불안 증세, 이기심이 생길 수 있으며, 협동심이 상실될 수 있다.
- 제한된 시간에서 더 높은 점수를 얻어야 하므로 지적 탐구가 어려워지고, 암기 위주의 교육이 이루어지기 쉽다. 또한 분석력, 이해력, 창조력이 결여될 수 있다.

(2) 준거참조평가

절대평가, 목표참조평가, 목표도달도평가라고도 하며, 한 학생의 성취점수를 정해진 준거(성취기준, 학습목표 도달 최저기준 등)에 비추어 얼마만큼 알고 있는지 직접적으로 판단·해석하는 평가를 말한다. 대표적인 예로 자격증시험, 성취평가제[5단계 A~E, 3단계 A~C, 이수 여부(P/F)] 등이 있다.

① 장점

- 무엇을 알고 모르는지에 대한 직접적인 정보가 제공되어 교수·학습활동, 교육목표, 교육과정 등을 개선할 수 있다.
- 지적인 성취감 획득 등을 통해 내재적 동기가 유발된다.
- 정신 건강에 좋으며, 협동심, 탐구력 함양 등 학습효과를 증진한다.

② 단점

- 개인차 변별이 어려우며, 준거 설정에 어려움이 있다.
- 경쟁을 통한 학습 외적 동기 유발이 부족하다.
- 신뢰도 산출 등 검사점수의 통계적 활용이 어렵다.

(3) 능력참조평가

학생의 잠재적 능력, 노력을 기준으로 실제로 보여준 성취능력과 비교하여 얼마나 최선을 다하였느냐에 초점을 두는 평가를 말한다. 대표적인 예로 학업성취도검사, 표준화 적성검사 등이 있다.

① 장점

- 개개인의 수준을 고려한 개별화된 평가로 교수·학습과정에서 활용될 수 있다.
- 학생의 능력 발휘 정도에 대한 피드백이 가능하며, 교육목표에 도달할 수 있도록 한다.
- 학습동기를 유발하여 학생의 최대 성취능력을 발휘하도록 유도할 수 있다.

② 단점

- 학생이 잠재능력을 최대한 발휘할 수 있는 적절한 교육환경이나 여건이 조성되어야 한다.
- 특정 기능과 관련된 능력의 정확한 측정치에 의존하여 특정 학습자의 수행능력만 해석할 수 있다.
- 학생의 능력을 정확하게 추정하기 어려워 신뢰도, 타당도를 높일 수 있는 측정도구가 필요하다.

(4) 성장참조평가

학습과정에서 학생의 출발점 행동(사전평가결과)과 도착점 행동(사후평가결과)을 비교하여 개인의 학습 향상과 능력의 성장 변화에 초점을 두는 평가를 말한다.

① 장점

- 학생들의 능력 성장, 학업 증진의 기회를 부여한다.
- 능력 변화 과정, 성장 정도 등의 정보를 통해 학생들의 개별화 교육 및 개별 학습평가가 가능해진다.

② 단점

- 사전, 사후에 측정한 점수의 신뢰도, 타당도가 높지 않으면 개인 능력의 변화를 정확하게 분석하기 어렵다.
- 대학 진학 등 행정적 기능이 강조되는 고부담검사와 같은 평가환경에서는 개인의 성장과 능력 변화를 측정하기 어려우므로 평가결과에 공정성 문제가 제기되어 적용되기 어렵다.

3. 가정과 문항 제작과 유형

평가문항 제작 시 문항유형, 문항 수, 내용, 시간 등을 고려해야 한다. 평가내용을 정한 후에 어떤 내용을 어느 정신능력 수준까지 측정할 것인가를 결정하기 위해 이원목적분류표가 필요하며, 일반적으로 학교현장에서는 블룸Bloom의 인지적 영역에 근거한 이원목적분류표(지식, 이해, 적용, 분석, 종합, 평가)가 사용된다.

문항의 형태는 크게 선택형, 서답형으로 나뉜다.

1) 선택형 문항 제작

선택형 문항은 주어진 답지 중에서 정답을 선택하는 것으로, 진위형, 선다형, 연결형 및 배열형 문항이 있다.

(1) 진위형

진위형은 옳은지 그른지를 응답하는 문항형태로, '예 / 아니요', '찬성 / 반대', '○ / ×'로 응답하는 형태가 있다.

㊀ 오방색은 황, 청, 백, 적, 흑의 5가지 색이다. (○)

(2) 선다형

선다형은 선택형 문항유형 중에 가장 많이 쓰이는 문항으로, 두 개 이상의 답지 중 맞는 답지를 선택하는 문항이다. 현장에서는 주로 오지선다형이 쓰인다.

㉮ 다음 내용에서 알 수 있는 인간 발달의 원리로 가장 알맞은 것은?

아이의 배밀이

아이는 앉을 수 있어야 다음에 설 수 있고, 설 수 있어야 그 후에 걸을 수 있어요. 간혹 아이가 누워 있다가 몸을 뒤집어서 배밀이를 하려고 할 때, 다시 뒤집어서 눕히는 부모들이 계신데요, 이는 배밀이의 중요성을 간과하는 것입니다. 배밀이는 앉거나 걷기의 토대가 되는 과정이므로 배밀이를 하려고 할 때 제지하지 마시고 관심 있게 지켜봐 주세요.

① 발달에는 개인차가 있다.
② 발달은 일정한 순서로 이루어진다.
③ 발달영역 간에는 상호 연관성이 있다.
④ 발달은 문화와 통합의 과정을 거친다.
⑤ 발달의 속도는 발달단계에 따라 다르다.

[정답] ②

자료: 2022학년도 대학수학능력시험 직업 탐구영역 '인간 발달' 1번 문항

(3) 연결형(배합형)

연결형은 일련의 문제군과 답지군을 배열하여 문제군의 질문에 대한 정답을 답지군에서 찾아 연결하는 문항형태이다.

㉮ (가)의 예시들과 (나)의 식품군을 보고, (나)의 식품군 왼쪽에 해당하는 예시를 (가)에서 찾아 써넣으시오. (단, 예시는 한 번만 사용된다.)

(가) 고구마, 꿀, 다시마, 두부, 땅콩, 버섯, 오렌지주스, 커피믹스, 호상 요구르트

(나)

1. 곡류 (　　)
2. 고기·생선·달걀·콩류 (　　)
3. 채소류 (　　)
4. 과일류 (　　)
5. 우유·유제품류 (　　)
6. 유지·당류 (　　)

[정답]

1. 곡류 – 고구마
2. 고기·생선·달걀·콩류 – 두부, 땅콩
3. 채소류 – 다시마, 버섯
4. 과일류 – 오렌지주스
5. 우유·유제품류 – 호상 요구르트
6. 유지·당류 – 꿀, 커피믹스

(4) 배열형

배열형은 주어진 간단한 문장들을 배열하여 문단을 구성하거나 열거된 문장이나 단어들을 논리적 순서에 의하여 배열하는 형태이다.

㉮ 그림 속 상황에서 가족 간의 효과적인 의사소통을 위해 아들이 할 수 있는 말을 '나-전달법' 순서로 ㉠, ㉡, ㉢을 배열하시오.

아들: ㉠ 스트레스를 풀 수 있게 30분만 게임을 할 수 있도록 허락해 주세요.
㉡ 엄마께서 물어보지도 않고 저에게 공부를 안 한다고 화를 내시네요.
㉢ 저는 10시까지 공부하다가 스트레스를 받아서 이제 막 게임을 시작한 건데 억울해서 짜증을 내게 돼요.

[정답]
바람직한 '나-전달법'의 순서: ㉡ → ㉢ → ㉠

2) 서답형 문항 제작

서답형 문항은 신뢰도보다는 고등 정신능력을 측정하려고 할 때 쓰이는 문항으로, 괄호형 / 완성형, 단답형, 논술형이 있다.

(1) 괄호형, 완성형

괄호형은 질문을 위한 문장에 여백을 두어 응답을 유도하는 문항형태이며, 완성형은 질문을 위한 문장의 끝에 응답을 하게 하는 문항형태이다.

㉮ 만성적인 대사장애로 인하여 고혈당, 고혈압, 고지혈증, 비만, 혈중지질이상, 비만(특히, 복부비만) 등의 여러 가지 질환이 한 개인에게서 한꺼번에 나타나는 것을 (　　　)(이)라고 한다.

[정답] 대사증후군

(2) 단답형

단답형은 간단한 단어, 구, 절 혹은 수나 기호로 응답하는 문항형태이다.

㉵ 건물을 뜨겁게 달궈 오염물질을 배출시키는 방식으로, 밀폐상태에서 실내온도를 30~40°까지 올려 8시간 이상 유지한 뒤 2시간 이상 환기하여 고온에서 각종 건축자재에 내포된 오염물질이 더 활발하게 배출되도록 돕는 방식을 무엇이라고 하는가?

[정답] 베이크 아웃

(3) 논술형

논술형은 주어진 질문에 제한 없이 여러 개의 문장으로 응답하는 문항형태로, 최초의 문항유형이다.

㉵ 다음 〈조건〉을 충족하여 지속 가능한 소비생활의 중요성과 실천을 위한 방안을 자신의 견해를 들어 논술하시오. (단, 600자 이내)

〈조건〉

- [자료 3]의 (가)를 토대로, 지속 가능한 소비생활이 왜 중요한지 기후 위기 측면에서 논거를 1개 이상 들어 구체적으로 서술하시오.
- [자료 3]의 (나)의 그래프를 분석하여 2019년과 2021년의 지속 가능 소비생활 실천 점수가 어떻게 변하였는지 서술하고, 지속 가능 소비 분야(친환경 상품 구매, 에너지 절약, 자원 재활용, 녹색 실천 선도, 윤리소비 실천)에서 낮은 실천을 보인 지표 2가지를 찾아 지속 가능한 소비생활 수준을 높일 수 있는 실천방안을 (다)를 참고하여 개인, 사회, 국가 측면에서 각각 1가지씩 제시하시오.
- 서론–본론–결론의 형식을 지켜 서술하고, [자료 3]의 지속 가능한 소비생활의 중요성 – 지속 가능한 소비생활 분석 – 지속 가능한 소비생활 수준을 높이는 실천방안의 내용이 서로 연결되도록 작성하시오.

자료: KICE 학생평가지원포털, 서·논술형 평가도구–고등학교 기술·가정 서·논술형 문항 '지속 가능한 소비생활의 실천'의 일부

4. 학교현장의 평가 방향

1) 평가 패러다임 변화

2015 개정 교육과정부터 2022 개정 교육과정까지 핵심 역량 함양을 지향하고 있다. 역량을 강조하는 교육과정에서는 지식 전수식의 교수·학습방법과 단편적인 지식을 측정하는 평가만 바라보는 것은 지양해야 한다. 역량 중심 교육과정은 수행을 강조하는 특성으로 인해 학습자 중심적 교수·학습방법과 평가방법을 추구한다(한국교육개발원, 2016). 따라서 학습자의 성장에 초점이 맞추어진 '학습을 위한 평가'를 실현하는 것이 중요하다. 여기서 '학습을 위한 평가assessment for learning'란 학습자의 이해도를 확인하고 교수·학습을 개선하기 위한 평가방식으로, 목적은 학습자들을 학습과정에 적극적으로 참여시키는 것이다. 반면 이와 대비되는 개념인 '학습에 대한 평가assessment of learning'는 최종 시험점수를 산출하고 등급을 매길 목적으로 학습자들을 평가하는 결과 중심의 평가방식이다(Laura Greenstein, 2021).

현재 국가교육과정에서는 성장중심평가와 과정중심평가를 강조하고 있다. 과

평가대상	개별 학생의 학습과정과 결과를 모두 평가, 인지적 능력과 정의적 능력 등을 고려하여 학생의 종합적인 역량 평가
평가의 운영	학생 참여형 수업과 연계하여 정규교육과정 내에서 평가
평가의 활용	교수·학습의 질 개선 및 학생의 성장과 발달 지원

과거 (학습결과에 대한 평가)	➡	현재 (학습을 위한 평가/학습으로서의 평가)
• 학기 말 / 학년 말에 시행되는 평가 (등급, 성적표를 제공하기 위한 평가) • 종합적 평가 • 결과중심평가 • 교사평가		• 교수·학습 중에 지속적으로 시행되는 평가 (학습에 도움을 주기 위한 평가) • 진단적, 형성적 평가 • 결과 및 과정중심평가 • 교사평가, 자기평가, 동료평가

그림 3-1. 평가 패러다임 변화

자료: 교육부·한국교육과정평가원(2023), 2023학년도 학생평가의 이해, 7번째 슬라이드 재구성

정중심평가는 학습을 과정과 결과의 두 차원으로 구분하고, 결과에 도달하는 과정을 강조한다(박일수 외, 2021). 이에 교육부와 한국교육과정평가원에서는 과정중심평가를 '교육과정의 성취기준에 기반한 평가계획에 따라 교수·학습과정에서 학습자의 변화와 성장에 대한 자료를 다각도로 수집하여 적절한 피드백을 제공함으로써 교수자와 학습자의 상호작용이 이루어지는 평가'라고 정의하고 있다.

2) 과정중심평가

과정중심평가는 교육과정 성취기준에 기반한 평가계획에 따라 교수·학습과정에서 학생의 변화와 성장에 대한 자료를 다각도로 수집하여 적절한 피드백을 제공하는 평가이다. 과정중심평가는 학생의 교육목표 도달도를 확인하고 교수·학습의 질을 개선하는 데 주안점을 둔다.

(1) 과정중심평가 시 고려사항

- 과정중심평가를 시행할 때는 성취기준에 근거하여 학교에서 중요하게 지도한 내용과 기능을 평가하고, 교수·학습과 평가활동이 일관성 있게 연계되도록 해야 한다.
- 과정중심평가를 시행할 때에는 각 교과의 성격과 특성에 적합한 평가방법을 활용하되, 서술형과 논술형 평가 및 수행평가의 비중을 확대하여 학습내용의 심층적 이해능력과 실제적 맥락에서의 적용 및 활용능력을 평가하는 것이 바람직하다.
- 정의적, 기능적, 창의적인 면이 중시되는 교과는 타당한 평정기준과 척도에 따라 평가를 실시하고, 실험·실습의 평가는 교과목의 성격을 고려하여 합리적인 세부 평가기준을 마련하여 실시한다.

(2) 과정중심평가 운영절차

과정중심평가는 일반적으로 다음의 절차를 거쳐 운영된다.

표 3-3. 과정중심평가 운영절차

절차	내용
① 성취기준 분석 및 평가계획 수립	• 교육과정 성취기준 분석 및 평가요소 선정 • 학기 단위 평가계획 수립 및 공지
② 출제계획 수립	• 지필평가 문항정보표 작성 • 수행평가 출제계획표 작성
③ 평가도구 개발	• 지필평가: 선택형 문항 개발, 서답형 문항 및 채점기준 개발 • 수행평가: 수행평가 과제 및 채점기준 개발, 수행평가 시행계획 수립
④ 평가 시행 및 채점	• 학생 개개인의 교과별 성취기준, 평가기준에 따른 성취도와 학습수행과정 평가 • 정규교육과정 외 학생이 수행한 결과물에 점수를 부여하는 과제형 수행평가 금지
⑤ 평가결과 분석 및 피드백	• 평가결과를 분석하여 학생별 성취수준에 따른 피드백 제공 • 수행평가의 경우 수행과정에 대한 피드백 제공 • 학생의 교육목표 도달도를 확인하고 교수·학습 개선에 활용
⑥ 평가결과 처리	• 수시 기록 • 학기 말 성적 처리 및 학교생활기록부 '교과학습 발달상황'에 기재

자료: 교육부·한국교육과정평가원(2023), 2023학년도 학생평가의 이해, 9~10번째 슬라이드 재구성

(3) 과정중심평가의 특징

과정중심평가의 특징은 다음과 같다(박일수 외, 2021).

첫째, '학습결과에 대한 평가'에서 '학습을 위한 평가, 학습으로서의 평가'로 확장됨에 따라 학습자의 학습과정과 수행과정을 평가대상으로 포함한다. 둘째, 학습자들의 수행과정에 주안점을 두는 평가방식으로, 과제를 해결하는 단계에 기초한다. 이에 따라 각각의 개별 단계에 대한 학습자들의 성장과 발달을 강조한다. 셋째, 교육과정에 제시된 성취기준을 기반으로 교수·학습활동 및 평가계획을 세우고, 교수·학습과정에서 다양한 평가방법으로 자료를 수집한다. 넷째, 과정중심평가의 목적은 학습자들의 역량을 함양하는 것이다. 단순히 배운 내용을 그대로 반복·재생하는 것이

아니라, 주어진 과제를 해결하기 위해 필요한 핵심 지식이나 기능을 창조적으로 발휘할 수 있는 수행능력을 평가한다. 학습자들은 과정중심평가에서 제공된 피드백을 통하여 자신의 학습과정을 되돌아보게 된다.

(4) 과정중심평가와 블렌디드 러닝

교수자가 계획한 교육과정에서 과정별 평가의 중요성이 더욱 강조됨에 따라 블렌디드 러닝 역시 온·오프라인 수업환경과 상관없이 각 과정에서 평가가 이루어져야 한다. 즉, 온라인 수업과 오프라인 수업이 혼합된 교수·학습방법에 따라 평가도 이와 연계되어 온·오프라인에서 병행되어야 한다. 온라인 및 오프라인 평가가 병행됨으로써 평가 도구와 방법이 확장되고 다양해졌으며 이는 학습자들의 학습을 개인 맞춤형으로 지원하는 기회를 확대하였다.

① 온라인 수업평가의 특징

첫째, 유연성과 접근성이 좋다. 학습자는 시간과 장소에 구애받지 않고 자신의 학습일정에 맞춰 평가를 실시할 수 있고, 평가결과에 대한 피드백을 받을 수 있다. 특히, 통신망이 발달되고 스마트 기기가 널리 보급됨으로써 이동 중에도 손쉽게 평가에 참여하고 자신의 학습 정도를 파악할 수 있다. 또한 교수자의 설정에 따라 여러 번 참여가 가능하여 반복 학습이 가능하다. 학습자는 이 과정을 통해 직접 자신의 학습경험과 결과를 확인하며, 자신의 학습수준을 파악할 수 있어 스스로 학습결과를 개선하는 데 도움이 된다.

둘째, 자동 채점이 가능하다. 자동 채점은 교수자가 채점하는 데 드는 시간을 줄여주므로, 교수자는 피드백 제공에 더 많은 시간을 할애할 수 있고 학생들이 받는 피드백이 더욱 신속해질 수 있다. 또한 학습자들의 응답 데이터를 수집하여 분석함으로써 학습자들의 성적 추이, 강점과 약점, 문제유형별 성과 등을 파악할 수 있어 다음 교육과정 및 수업의 개선에 활용할 수 있다. 최근 들어 온라인 플랫폼들의 자동 채점 기능들이 향상되면서 객관식 및 주관식 문제에 대한 자동 채점뿐만 아니라 평가 루브릭을 활용한 서술형 문제나 프로젝트 과제 등에 대한 상세하고 체계적인 평가도 가능해지고 있다.

셋째, 개별 피드백을 지원한다. 자동 채점을 통한 즉각적인 피드백뿐만 아니라 온라인 툴을 활용하여 학습자가 제출한 과제를 교수자가 확인하고 댓글, 주석, 피드백 창 등을 활용하여 개별화된 피드백을 할 수 있다. 학습자 개별화 피드백을 통해 학습자의 학습에 대한 오류와 오개념을 바로 잡아줄 수 있고, 학습자의 수준을 파악하여 다음 수업 난이도 조절 및 기초 학력 보완, 맞춤형 개별 학습을 촉진할 수 있다. 특히, 온라인 협업 플랫폼을 이용하면 학습자들이 작성 중인 문서에 교수자가 댓글, 채팅 등으로 피드백하여 수정해 줄 수 있기 때문에 결과가 아닌 과정으로서의 학습을 강조하는 데 사용될 수 있다(Jared Stein 외, 2016). 더불어 협력학습의 경우, 익명성을 제한하고 로그인을 통한 접속만 허용하면 접속 및 수정 이력이 남아 학습자의 기여도를 파악할 수 있으며, 이를 통해 무임승차를 방지할 수 있다.

넷째, 학습자들의 관심과 참여를 유발하는 데 도움이 된다. 대표적인 예로 게이미피케이션gamification 요소를 포함한 온라인 평가 플랫폼을 활용하는 것이다. 게이미피케이션은 게임적인 요소를 학습환경에 적용하여 학습동기를 증진하고 참여를 촉진하는 교수·학습방법이다. 이러한 게이미피케이션 온라인 플랫폼은 경쟁, 보상체계, 시간제한, 상호작용 등의 게임화 요소를 갖추고 있어 학습자들의 흥미를 높이는 데 효과적이다. 학습자들이 문제를 풀고 정답을 실시간으로 확인할 수 있어 수업을 이해하였는지 확인하는 형성평가 등에 사용할 수 있다.

② 오프라인 수업평가의 특징

첫째, 평가의 윤리성 확보가 용이하다. 부정행위를 완벽하게 차단할 수는 없으나, 오프라인 수업에서는 교수자가 직접 감독하고 관찰함으로써 학습자들의 부정행위를 방지하는 데 유리한 조건을 갖추고 있다. 이는 곧 평가과정의 공정성을 보장하며 신뢰성 있는 결과를 도출하는 데 도움이 된다. 또한 모든 학습자에게 가능한 한 동일한 조건과 환경을 제공함으로써 편향 없는 평가를 진행할 수 있다. 이러한 접근방식은 개별적인 배경과 상황이 다른 학습자들에게 공평한 기회를 제공한다. 또한 오프라인 환경에서는 교수자와 학습자 간의 직접적인 대화를 통해 발생하는 문제나 오해도 즉각적으로 해결할 수 있다.

둘째, 실제 상황에 가까운 환경에서 평가가 가능하고 실제 자원을 활용할 수 있다. 이는 학습자에게 실생활에서 직면할 수 있는 다양한 상황을 체험하고 대비할 기회를 제공한다. 예를 들어, 심폐소생술이나 재난대피훈련과 같은 안전교육, 실험·실습, 청중 앞에서의 프레젠테이션 발표 등 학습자는 이론적인 지식을 넘어서 실생활에서 필요한 기술과 역량을 연습하고 습득할 기회를 가진다. 학습자는 이러한 과정에서 실제 자원을 활용하면 지식을 더 깊이 이해하고 오랫동안 기억할 수 있다. 그리고 교수자는 평가를 통해 학습자의 이론적인 이해뿐만 아니라 실제적인 적용력도 파악할 수 있다. 즉, 교수자는 학습자의 실제적인 기술과 능력 정도를 파악할 수 있다.

셋째, 신체를 활용하는 실험·실습 등의 평가에서 학습자의 모습을 직접 관찰할 수 있다. 교수자는 학습자의 신체활동, 움직임, 수행능력을 직접 관찰할 수 있기 때문에 이러한 정보를 바탕으로 학습자의 이해도, 참여도, 의사소통능력 등을 더욱 정확하게 평가할 수 있다. 학습자가 자신의 학습내용을 실생활에 어떻게 적용하고 있는지 교수자가 직접 보기 때문에 어느 부분이 잘 이해되었는지와 어떤 부분에서 어려움을 겪고 있는지를 빠르게 파악하여 즉각적인 피드백이 가능하다. 그뿐만 아니라 교수자는 학습과정에서 발생하는 학습자들의 실수나 오류를 인식함으로써 그것들을 다음 교육과정에 반영하여 수정하거나 개선할 수 있다.

넷째, 모델링의 역할을 한다. 학습자는 수업의 과제물 작성, 작품 제작, 실습, 발표 등의 전 과정에서 다른 학습자의 모습을 보고, 각각의 학습자에 대한 피드백을 함께 들으면서 자기 모습을 점검하고 수정해나갈 수 있다. 자신이 받은 피드백이 아니더라도 영감을 받아 더 나은 결과물을 도출해낼 수 있기 때문에 오프라인 평가에서 상호 간의 모델링은 긍정적 영향을 미친다. 더불어 교수자가 평가에 대한 시연을 보일 경우 학습자는 시각적으로 확인함으로써 수업과 평가를 이해하는 데 도움이 될 수 있다. 이 과정은 학습자의 메타인지 발전에도 도움이 된다.

③ 블렌디드 러닝 평가의 유의점

첫째, 블렌디드 러닝은 온라인과 오프라인이라는 두 가지 이상의 환경에서 평가가 이루어지므로 학습자들이 혼란스러워하지 않도록 주의를 기울여야 한다. 특히, 수행평가나 지필평가와 같이 내신성적에 반영되는 평가인 경우 더욱이 사전에 명확하게 안내해야 한다. 온라인과 오프라인에서의 평가시기, 방법, 기준 등을 구체적으로 명시하여 학습자들이 각 환경에서 어떤 성과를 내야 하는지 충분히 이해할 수 있도록 해야 한다. 또한 교수자는 평가기준을 명확하고 구체적으로 설정해야 하며, 자신이 직접 확인하고 관찰할 수 있어야 한다. 이를 통해 평가의 공정성을 보장해야 한다.

둘째, 평가가 학습목표 및 성취기준과 일치해야 한다. 성취기준 재구조화에 따라 교수자가 계획한 교육과정에서 벗어난 평가가 되지 않도록 유념해야 한다. 이를 위해 루브릭을 학습목표 및 성취기준에 따라 구체적으로 제작하여 평가의 지표로 활용할 수 있다. 루브릭은 성취기준 및 학습결과와 긴밀히 연계되어 있으므로(Laura Greenstein, 2021), 수업의 목적성을 잃지 않도록 도와줄 수 있다. 다만, 교과의 모든 성취기준에서 추구하는 지식, 기능, 태도를 모두 루브릭에 제시하여 평가하는 것이 아니라는 점을 명심해야 한다. 대신 교과에서 추구하는 역량과 조합을 고려하여 적절한 평가요소와 채점기준 및 루브릭을 설정하는 것이 중요하다(서울특별시교육청, 2020).

셋째, 온라인상의 평가 시, 학습자의 온라인 수업 환경 및 기술활용능력이 평가결과에 영향을 주지 않도록 해야 한다. 이는 학습자 간 기술적 차이가 학업성과에 불합리한 차이를 만들어내는 것을 방지하기 위함이다. 즉, 평가방법은 기술을 활용하는 스킬이 아닌 학습목표 달성 여부나 학습성과를 측정해야 한다(Jared Stein 외, 2016). 피드백 역시 기술적 평가에 치중되어서는 안 되고, 수업내용에 대한 질적인 평가가 이루어질 수 있도록 해야 한다. 교수자는 학생의 결과물에서 보이는 깊은 이해, 분석력, 문제해결력 등 중요한 학문적 역량에 초점을 맞춰 피드백을 제공해야 한다. 더불어 온라인 평가 전 사전에 온라인 툴에 대한 연습시간을 확보하여 학습자가 온라인 평가 환경에 적응할 수 있도록 해야 한다. 그렇게 함으로써 학생들은 기술적 문제로 인한 스트레스 없이 본래의 지식과 역량을 최대한 발휘할 수 있을 것이다.

넷째, 저작권 침해 예방교육을 통해 학습자들이 자신의 과제를 표절하지 않도록 안내해야 한다. 인터넷에서 찾은 글을 출처를 밝히지 않고 그대로 복사하여 자신의 생각인 것처럼 쓰는 행위는 잘못된 것임을 사전에 고지해야 한다. 교수자는 표절이나 부정행위, 저작권이 있는 자료를 제대로 인용하지 못한 것에 대한 결과를 명확하게 제시하여 학습자들이 깨닫게 하는 것도 중요하다(Jared Stein 외, 2016). 이를 위해 강력한 규제와 함께 구체적인 사례와 예시를 제공함으로써 학습자에게 이러한 부정행위가 어떤 결과를 초래할 수 있는지 명확하게 인식시켜 주어야 한다. 또한 교수자와 학습자가 모두 정보윤리와 저작권에 대해 지속적으로 배우고 이해하는 시간을 가질 필요가 있다. 디지털 시대에서 정보윤리의 중요성은 더욱 강조되어야 한다.

3) 성취평가제

성취평가제는 상대적 서열에 따라 누가 더 잘했는지를 평가하는 것이 아니라, 학생이 무엇을 어느 정도 성취하였는지를 평가하는 제도이다. 교육환경의 변화와 평가제도 개선의 필요성에 의해 교육부는 〈중등학교 학사관리 선진화 방안(2011. 12. 13)〉을 발표하였고, 이에 따라 당시 중학교 1학년이 고등학교 1학년이 되는 2014학년도부터 고등학교 보통교과에 성취평가제가 도입·적용되었다.

성취평가제에서는 교육과정에 근거하여 개발된 교과목별 성취기준에 도달한 정도로 학생의 학업성취수준('A-B-C-D-E', 'A-B-C', 'P')을 평가한다.

4) 분할점수

분할점수란 평가과정에서 학생들의 성취나 수행 정도의 차이를 구별하기 위해 둘 이상의 범주 혹은 집단으로 분류하는 점수를 말한다.

(1) 성취수준별 추정 분할점수

중학교와 달리 고등학교는 학교마다 학교유형, 교육과정 특성 및 학생수준이 다양하기 때문에 모든 학교와 교과에 성취수준별 고정 분할점수(90점, 80점, 70점, 60점)를 일괄적으로 적용하는 것은 부적합하다. 따라서 고등학교 보통교과 성취평가는 단위학교에서 학교 및 교과의 특성을 고려하여 분할점수를 산출하며, 이를 위해 평가문항 작성단계에서 문항정보표를 활용한다.

(2) 분할점수 산출과정

분할점수의 산출과정은 **그림 3-2**와 같다. 먼저 해당 교과목의 성취기준과 성취수준을 검토한 후, 성취수준별로 기준 성취율 도달자의 수행특성에 대해 토의한다. 출제한 문항을 검토하고 문항의 난이도와 문항유형에 따라 문항을 범주화한 후, 각 문항범주에 속한 문항들에 대해 예상 정답률을 5% 단위로 추정한다. 교사 간 예상 정답률 차이와 그 이유를 논의하고 추정된 분할점수를 확인한다(최고 정답률-최저 정답률 ≥ 20%, 최소 2회 반복). 예상 정답률 추정 완료 기준을 만족할 때 수준 설정을 멈추고 분할점수를 NEIS에 입력한 뒤 학생들에게 공지한다.

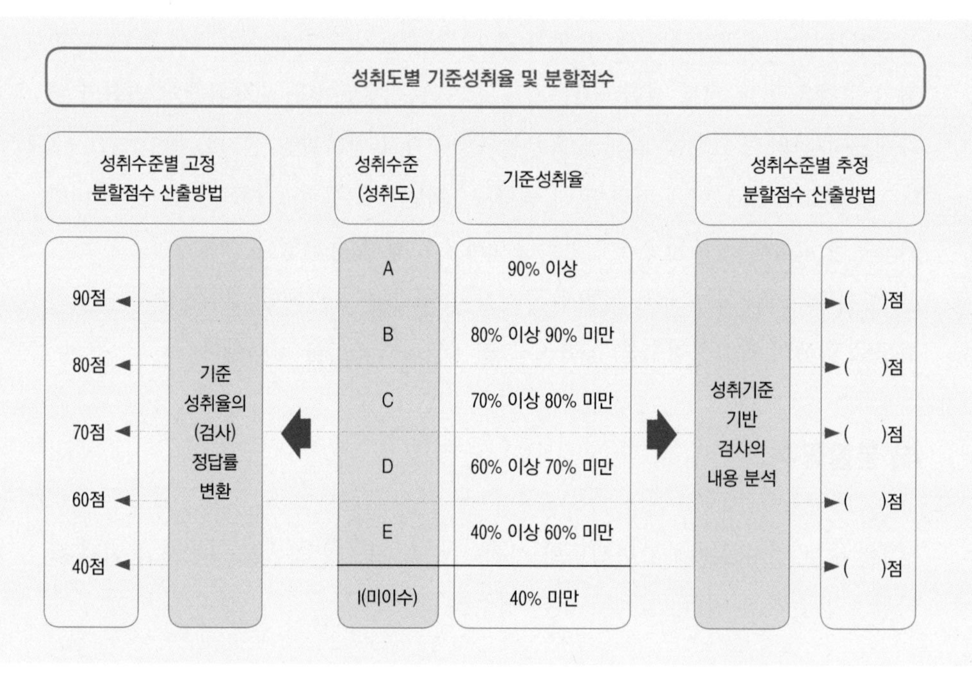

그림 3-2. 성취도별 기준성취율 및 분할점수

자료: 김경희 외(2022), 성취평가결과 분석을 통한 중등학교 성취평가제 운영 모니터링 연구(CRE 2022-2)

5. 가정과 평가계획 사례

교과학습의 평가는 학생의 교육목표 도달도를 확인하고 교수·학습의 질을 개선하는 데 중점을 둔다. 보다 내실 있는 수업 구성과 학생들의 효과적인 교육목표 달성을 이루기 위해서는 '교육과정-수업-평가-기록의 일체화'를 고려하여 평가계획을 수립하는 것이 좋다. 〈2015 개정 교육과정 총론 해설서〉에 따르면, '교육목표를 달성하고 교과 역량을 함양하기 위해서는 교육내용, 교수·학습 및 평가가 일관되게 이루어져야 한다.', '모든 학생의 학습 경험의 성장을 우선에 두고 교육내용, 교수·학습, 평가의 일관성이 확보될 때 의도한 교육목표를 달성할 수 있다.'라고 명시되어 있다.

1) 평가 개요

평가 개요를 작성할 때, 지필평가와 수행평가로 구분하여 평가를 구성한다. 이때 지필평가와 수행평가의 비율을 결정하고, 사전에 평가횟수, 평가방법 등을 마련해야 한다. 다만 시·도 교육청의 〈학업성적관리 시행 지침〉에 따라 학교별 학업성적 관리규정으로 정하여 교과목 특성상 수업활동과 연계한 수행평가만으로 실시할 수 있다(교육부훈령 제393호).

〈학교생활기록 작성 및 관리 지침〉에 따라 지필평가 문제는 타당도, 신뢰도를 제고할 수 있도록 출제하고, 평가의 영역, 내용 등을 포함한 문항정보표 등 출제계획을 작성하여 활용하며, 동일 교과의 담당교사가 공동으로 출제해야 한다. 또한 정규 교육과정 외에 학생이 수행한 결과물에 대해 점수를 부여하는 과제형 수행평가는 실시하지 않아야 한다.

표 3-4. 평가의 종류와 반영비율 예시

구분 종류	지필평가(70%)		수행평가(30%)	
평가영역	지필1고사	지필2고사	건강한 식생활 프로젝트	심화탐구 보고서
평가방법	서 · 논술형	선택형 지필평가	과정중심평가	
반영비율/만점	30% / 100점	40% / 100점	15% / 100점	15% / 100점
성취기준	[12기가01-06] [12기가02-01] [12기가02-02] [12기가02-03] [12기가02-05] [12기가04-04]	[12기가02-04] ~ [12기가05-09]	[12기가01-06] [12기가02-01] [12기가02-05]	[12기가01-01] ~ [12기가05-09]
평가시기	10월	12월	9월	11월
동점자 우선순위	2위	1위	3위	4위

2) 수행평가 세부 기준안

수행평가는 성취기준 분석을 통해 과정을 중시하는 수행평가방법(구술·발표, 토의·토론, 프로젝트, 실험·실습, 포트폴리오, 서·논술형 등)을 선정하고 수행평가과제를 개발해야 한다. 이를 위해 세부 기준안에는 평가방법, 평가시기뿐만 아니라 성취기준도 포함되어야 하며, 수행평가방법을 고려하여 각각의 특성에 맞는 평가척도, 기준을 개발해야 한다. 실험·실습이나 정의적·기능적·창의적인 면을 주로 평가해야 하는 수행평가는 학생들이 함양해야 할 역량 등을 고려하여 합리적인 세부 평가기준을 마련해야 하며, 타당한 평정기준과 척도가 마련되어야 학생별 적절한 피드백을 제공할 수 있다.

수행평가 세부기준안 작성 시 학교별 학업성적관리규정에 근거하여 결시자, 미응시자, 전학생, 동점자 등에 따른 규정도 꼭 명시해야 한다.

각 시·도 교육청별로 단위학교 과정중심평가 내실화를 위하여 수행평가의 성적 반영 비율 및 서·논술평가 학기 단위 성적 반영 비율 등을 수치화(㉠ 수행평가 학기 단위 성적의 40% 이상, 서·논술평가 학기 단위 성적의 20% 이상)하여 권장하고 있으므로 평가계획 수립 시 연구부 안내사항을 참고하여 작성해야 한다.

표 3-5. 수행평가의 세부 기준 예시

1. 2학기
  1) 건강한 식생활 프로젝트(15% 반영, 100점 만점)
    (1) 평가방법: 수업시간에 제시된 재료를 사용하여 안전하고 위생적인 결과물을 만들어 제출한 후 평가받는다. 가족문화와 세대 간 관계를 영위할 수 있는 방안을 식생활 속에서 찾고, 이와 관련하여 주제를 탐구한 내용과 수업시간 실습과정 등이 남긴 건강한 식생활 보고서를 작성하여 제출한다.
    (2) 평가시기: 9월
    (3) 채점기준

<table>
<tr><th>영역
(반영비율 / 만점)</th><th colspan="2">성취기준</th></tr>
<tr><td rowspan="3">건강한 식생활
프로젝트
(15% / 100점)</td><td colspan="2">[12기가01-06] 가족문화의 의미를 이해하고, 세대 간 관계를 조화롭게 영위할 수 있는 방안을 탐색하여 가족관계에 적용한다.
[12기가02-01] 한식의 우수성과 다른 나라의 식생활 문화를 이해하고 현대의 식생활과 접목한 음식을 만들어 건강한 식생활을 실천한다.
[12기가02-05] 예기치 못한 가족문제의 종류와 영향을 분석하고, 건강한 가족으로 회복하기 위한 치유방안을 탐색한다.</td></tr>
<tr><th>평가내용</th><th>평가척도</th></tr>
<tr><td>건강한
식생활
프로젝트
(개별 평가 /
100점)</td><td>① 가족문화와 세대 간 관계를 조화롭게 영위할 수 있는 방안을 식생활 측면에서 제시하고 (주제 창의성과 적합성)
② ①과 관련지어 관심 있는 식생활 분야에 대한 지식을 기사, 서적, 전문 자료 등을 통해 구체적으로 조사하여 (내용의 타당성, 자료의 정확성)
③ 제시된 형식에 맞춰 식생활 보고서를 완성한다. (연구 성실도)
④ 조리실습과정에서 안전하고, 위생적인 실습을 위한 모습을 보이며 음식을 제작하고 (실습과정의 성실도)
⑤ 음식을 완성하고 실습 후 정리 정돈까지 책임감 있게 임한다. (실습 자세와 태도)
⑥ 제한된 시간 내에 실습과정을 추가로 담아 소감과 함께 식생활 보고서를 제출한다. (결과물 평가)
<table><tr><th>구분</th><th>평가기준</th><th>배점</th></tr><tr><td>A</td><td>5~6가지를 충족함</td><td>100</td></tr><tr><td>B</td><td>6가지 중 4가지를 충족함</td><td>90</td></tr><tr><td>C</td><td>6가지 중 3가지를 충족함</td><td>80</td></tr><tr><td>D</td><td>6가지 중 2가지를 충족함</td><td>70</td></tr><tr><td>E</td><td>6가지 중 1가지를 충족함</td><td>60</td></tr><tr><td colspan="2">개발계획서 미제출 또는 실습 미참여</td><td>0</td></tr></table></td></tr>
</table>

(계속)

2) 심화탐구 보고서(15% 반영, 100점 만점)

(1) 평가방법: 건강한 가족 만들기, 식·의·주 생활문화와 안전, 가정생활 관리와 가족생활 설계, 기술 시스템과 미래 사회, 안전과 공존을 위한 기술 활용 단원과 관련하여 실생활에서 발생하는 문제를 비판적으로 분석하고, 관심 있는 주제를 보다 심도 깊게 탐구하여 조사한 후, 보고서를 만들어 발표한다.

(2) 평가시기: 11월

(3) 채점기준

영역 (반영비율 / 만점)	성취기준
심화탐구 보고서 (15% / 100점)	[12기가01-01] 건강한 가족 형성의 기반이 되는 사랑과 결혼의 의미를 이해하고 행복한 결혼에 대한 가치를 탐색한다. [12기가01-02] 이상적인 배우자상에 대한 개인적·사회적 고정관념을 성찰하고 행복한 가정생활을 위한 배우자 선택기준을 제안한다. [12기가01-03] 부모됨의 의미를 인식하고, 책임 있는 부모가 되기 위해 필요한 역량을 탐색한다. [12기가01-04] 임신 중 생활과 출산의 과정을 이해하고, 계획적인 임신과 건강한 출산을 위한 방안을 탐색한다. [12기가01-05] 신생아기, 영·유아기, 아동기의 발달 특징을 이해하고 이에 따른 자녀 돌보기의 방법을 익혀 부모가 되기 위해 필요한 역량을 추론한다. [12기가01-06] 가족문화의 의미를 이해하고, 세대 간 관계를 조화롭게 영위할 수 있는 방안을 탐색하여 가족관계에 적용한다. [12기가02-01] 한식의 우수성과 다른 나라의 식생활 문화를 이해하고 현대의 식생활과 접목한 음식을 만들어 건강한 식생활을 실천한다. [12기가02-02] 한복의 미적·기능적 특징과 다른 나라의 의생활 문화를 이해하고 현대 의복에서의 활용방안을 탐색하여 창의적인 의생활을 제안한다. [12기가02-03] 한옥의 가치와 다른 나라의 주생활 문화를 이해하고 현대 주거생활에서의 활용방안을 탐색하여 건강하고 친환경적인 주생활을 실천한다. [12기가02-04] 생애주기별로 발생할 수 있는 생활 및 신변 안전사고의 원인과 영향을 분석하고, 개인·가족·사회적 차원에서 예방 및 대처방법을 탐색한다. [12기가02-05] 예기치 못한 가족문제의 종류와 영향을 분석하고, 건강한 가족으로 회복하기 위한 치유방안을 탐색한다. [12기가03-01] 전 생애에 걸친 가정생활 복지 서비스의 종류와 특징을 평가하고, 가정생활에서 활용할 수 있는 방안을 제안한다. [12기가03-02] 경제적 자립의 중요성을 인식하고 가정경제의 안정을 위협하는 요소를 파악하고, 가정경제 관리방안을 제안한다. [12기가03-03] 개인과 가족의 소비가 사회 및 환경에 미치는 영향을 분석하고, 지속 가능한 소비생활을 실천한다. [12기가03-04] 가족생활 설계의 필요성을 인식하고 미래의 안정적인 가족생활을 준비하기 위한 요소를 파악하여 설계한다. [12기가03-05] 노년기의 특성을 이해하고 자립적인 노후생활을 영위하기 위해 요구되는 생활역량을 추론하여 제안한다. [12기가04-01] 기술의 발달에 따라 개량되거나 만들어진 제품을 통해, 최신 기술의 활용과 발전 방향을 예측하여 발표한다. [12기가04-02] 첨단제조기술이 산업의 발달과 우리 생활에 미치는 영향과 미래에 활용 가능한 기술의 분야에 대해 예측하고 전망한다.

(계속)

영역 (반영비율 / 만점)	성취기준
심화탐구 보고서 (15% / 100점)	[12기가04-03] 첨단건설기술의 핵심 기술과 동향을 파악하고, 건설기술에서 활용되고 있는 재난예방과 관련된 예를 조사하여 발표한다. [12기가04-04] 생명기술이 인류의 식량자원 확보에 기여할 수 있는 방안을 살펴보고, 로봇과 통신기술이 의료기술과 원격의료에 활용되는 사례를 알아본다. [12기가04-05] 수송기술에서 새롭게 등장한 수송수단의 종류와 특징을 탐색하고, 우주항공기술 분야의 발전방안을 토의하고 발표한다. [12기가04-06] 정보통신기술 분야의 첨단기술에 대해 조사하고, 정보통신산업의 발전방안을 토의하고 발표한다. [12기가04-07] 첨단기술과 관련된 문제를 이해하고, 해결책을 창의적으로 탐색하고 실현하며 평가한다. [12기가05-01] 미래의 기술 변화를 예측하고, 그에 따른 직업 세계의 변화를 전망한다. [12기가05-02] 산업의 각 분야에서 발생하는 산업재해의 사례를 분석하고, 예방법과 대응책을 모색한다. [12기가05-03] 자동차에 의한 사고의 원인과 사례를 알고, 사고예방을 위한 올바른 이용 방법을 이해한다. [12기가05-04] 기술혁신을 위한 창의공학 설계를 이해하고, 제품을 구상하고 설계한다. [12기가05-05] 발명을 통한 기술적 문제해결방법과 지식재산의 권리화와 보호를 이해하고, 발명에서 창업까지의 과정을 알아본다. [12기가05-06] 기술연구 개발과정에서 적용되는 표준을 이해하고, 국내외 표준 사례를 분석하여 표준 특허의 필요성과 중요성을 인식한다. [12기가05-07] 발명과 표준에 관련된 체험활동을 통하여 기술적 문제를 창의적으로 해결한다. [12기가05-08] 사회적·경제적·환경적 측면에서 지속 가능한 발전방안을 모색하고, 적용할 수 있는 기술 분야를 조사한다. [12기가05-09] 적정 기술, 지속 가능한 발전과 관련된 문제를 창의적으로 탐색하고 실현하며 평가한다.

평가내용	평가척도
심화탐구 보고서 (개별 평가 / 100점)	① 주제에 맞는 내용을 선정하였는가? ② 주제를 자신의 삶과 관련하여 독창적으로 구성하였는가? ③ 프로젝트 탐구과정이 구체적이고 올바른가? ④ 주제와 관련된 자료를 적절하게 제시하였는가? ⑤ 주제와 관련된 자신의 생각을 논리적으로 제시하였는가? ⑥ 보고서의 내용수준이 적절한가? ⑦ 보고서를 성실히 완성하였는가? ⑧ 마감기한을 잘 지켜 제출하였는가?

구분	평가기준	배점
A	8가지를 모두 충족함	100
B	8가지 중 6~7가지를 충족함	90
C	8가지 중 4~5가지를 충족함	80
D	8가지 중 2~3가지를 충족함	70
E	8가지 중 1가지를 충족함	60
보고서 미제출		0

3) 수행평가 결시자 처리

수행평가 결시자는 결시사유가 끝난 후 5일 이내에 수행 재평가를 받아야 하며, 재평가 점수는 100% 반영된다. 만약 재평가에도 응하지 않을 때는 '0점을 부여'한다.

3) 가정과교육의 루브릭 평가

(1) 루브릭의 개념

루브릭은 일반적으로 가장 구체적인 측정방식으로 여겨지며, 체크리스트보다 더 서술적이고 교사와 학생이 동료평가나 자기평가의 일부로 사용할 수 있다. 루브릭은 '정해진 일련의 기준에 따라 학생의 수행상태를 특정하기 위한 채점기준표'라고 정의할 수 있다(Laura Greenstein, 2021). 그러나 과정중심평가, 성장중심평가 등을 지향하는 현 교육과정에서 루브릭은 단순한 채점기준표가 아니라, 교사가 학생의 학습과정 및 결과를 피드백할 수 있는 지점을 알려주는 도구로 인식하는 것이 바람직하다(이형빈, 2023).

전통적인 지필평가는 '정해진 정답'이 있어 학생의 단편적인 지식습득 정도를 측정하는 데 적합하므로 별도의 루브릭이 필요하지 않다. 그러나 수행평가 등은 학생의 다양한 사고력과 창의력을 평가하기 위한 목적으로 사용되기 때문에 '정해진 정답'이 없을 수 있다. 따라서 수행평가 등에서 루브릭은 학생들의 수행과정과 결과를 평가하는 기준으로 사용되어야 한다. 루브릭은 학생이 보여주는 다양한 수준과 질을 고려하여 종합적으로 판단할 수 있는 평가도구로 사용되어야 하므로 단순한 수행 여부를 점검하는 데 사용되는 체크리스트나 정량적인 평가척도와는 구분되어야 한다(이형빈, 2023). 즉, 결과중심평가와 과정중심평가에서 사용되는 루브릭은 서로 목적과 특징이 다르므로 각각의 평가방식에 맞추어 적절하게 활용되어야 한다.

과정중심평가를 위한 루브릭은 '학생 수행 수준에 대한 질적 기술'을 내포하고 있어야 하며 '학생이 배워야 할 것을 제대로 배웠는지에 대한 피드백을 제공하여 학습을 지원'해야 한다. 교사가 루브릭을 학생에게 제공하면 학생은 수업에서 교사가 기대하는 바를 명료하게 이해(Goorich, 1999; 이정은·차현진, 2016 재인용)하여 학습목표를 충분히 인지할 수 있다. 그리고 충분히 인지한 수업목표 및 평가준거는 학생의 학습과정 및 결과로 이어지며, 이는 학생이 학습의 전 과정에서 스스로 자기평가를 하여 더 나은 수행을 하도록 도와주는 교정적 피드백의 역할을 한다(이정은·차현진, 2016).

(2) 좋은 루브릭의 기준

Jonassen, Howland, Moore와 Marra(2003)는 좋은 루브릭의 기준을 다음과 같이 설명하였다.

표 3-6. 좋은 루브릭의 기준

기준	내용
효과적인 루브릭은 중요한 모든 요소를 포함한다.	평가할 만한 중요한 수행의 모든 측면은 그것을 설명하는 등급 척도를 갖고 있어야 한다. 루브릭은 중요한 것으로 간주되는 수행의 모든 측면을 확인해야 한다.
효과적인 루브릭의 각 요소는 1차원적이다.	원소가 더 이상 분리될 수 없듯이 각 루브릭은 원소와 같은 기본적인 행동을 기술해야 한다. ㉠ 학생의 발표평가 시 '성량'과 '억양'을 조합한 '목소리의 질'을 루브릭으로 사용하는 것은 '성량'과 '억양'을 각각 사용할 때보다 더 어려우며 그만큼 유의미하지 않다.
효과적인 루브릭의 등급은 뚜렷하고 포괄적이며 기술적(descriptive)이다.	등급은 각 요소의 기대되는 수행의 전 범위를 포괄해야 한다. 루브릭은 3~7단계의 분명한 등급으로 나뉘어야 한다. ㉠ 구술발표의 '성량' 요소 ① 거의 들을 수 없음 ② 조용하며 구별하기 어려움 ③ 귀를 기울이면 들을 수 있음 ④ 방의 크기와 청중의 수에 적합함 ⑤ 매우 소리가 큼 또는 지나치게 소리가 큼
효과적인 루브릭은 학습자와 명확히 소통한다.	루브릭의 궁극적인 목적은 수행을 향상시키는 데 있다. 수행을 통해 기대하는 것을 명확히 하는 동시에 학생들의 수행과정과 결과가 바람직한 목표 진술에 가까워지도록 하는 중요한 정보를 제공한다. 루브릭은 과제의 복잡성을 전달하며 의도적인 학습에 역점을 두어 수행의 본질에 대한 구체적인 피드백을 학습자에게 전달한다.

자료: David H. Jonassen 외(2009), 재인용

Laura Greenstein(2021)은 루브릭은 탁월/우수부터, 기준 이하/열등까지 일련의 질적인 지표들을 기술하는 것으로, 4등급 척도가 평가자 간 신뢰도에서 가장 높은 점수를 보였으며, 각 단계별 지표가 명확하게 기술될수록 루브릭의 타당도가 높아진다고 하였다. 이때 가장 효과적인 루브릭은 모든 사용자가 이해할 수 있는 지표를 가지고 있고 학습목표에 초점을 맞추어 이를 반영하며 선다형 시험으로 측정하기 어려운 중요한 지식과 기술을 측정할 수 있어야 한다.

이에 **그림 3-3**은 루브릭 1단계부터 4단계까지 네 단계의 수준을 보편적인 용어를 사용하여 광범위하게 기술하고 있다. 해당 체계를 일관성 있게 사용할 수도 있고,

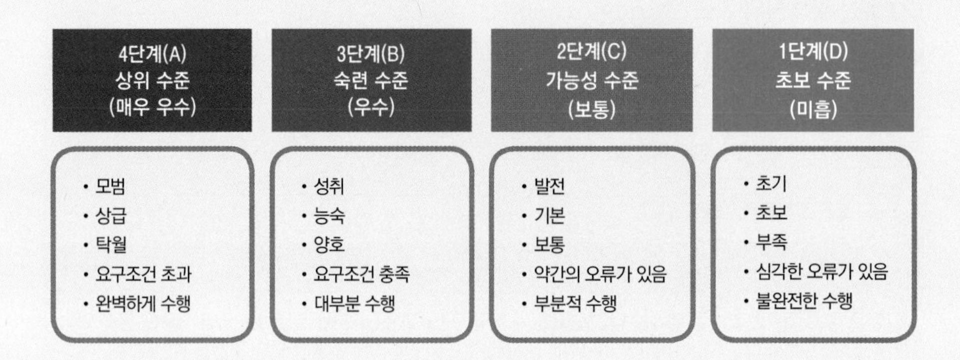

그림 3-3. 루브릭 용어

자료: Laura Greenstein(2021)

과제에 따라 더 구체적으로 기술하거나 단계를 조정하여 세 단계로 구성하는 등 융통성 있게 응용하여 루브릭을 재구성하여 활용할 수 있다.

(3) 가정과교육의 루브릭 예시

표 3-7은 과정중심평가를 도모할 수 있는 평가 루브릭의 예시이다. 이형빈(2023)은 현재 학교현장에서 과정중심평가에 대한 대표적인 왜곡 현상으로 '사실상 결과중심평가를 수업시간에 여러 번 하는 현상'이 보편화되어 있다는 한계를 제기한다. 예를 들어 한 학기에 수행평가를 50% 반영하는 경우, 5가지 수행평가 과제를 각각 10%씩 반영하여 총 5회 실시하는 것이다. 이 과정에서 문제는 피드백 없이 형식적인 채점기준에 따라 점수를 부여하는 것이다. 이는 결과중심평가를 여러 번 시행하는 것에 그치는 것이라 할 수 있다. 따라서 이형빈(2023) 연구에서는 '결과중심평가를 수업시간에 여러 번 하는' 왜곡된 과정중심평가에서 벗어나, 계획, 과정(수행), 산출물 단계를 세심하게 관찰하며 피드백하는 것이 학생들에게 훨씬 더 의미있음을 제언하고 있다.

따라서 **표 3-7**은 이형빈(2023)이 제안한 과정중심평가의 요소를 담아낸 루브릭 양식을 기반으로 제작하였으며, 루브릭의 단계별 내용은 Laura Greenstein(2021)의 서적에서 발췌하고 추가·삭제 및 변형하여 기술하였다. 제시된 루브릭은 수업목표 및 평가목적에 따라 융통성 있게 재구성하여 사용할 수 있다.

표 3-7. 루브릭 예시

단계		성취 기준	4단계	3단계	2단계	1단계
인지적	계획	주제 선정	선정한 주제가 목적에 매우 적합하며, 주제가 명확하게 정의되어 구체적인 목표와 방향성을 잘 설정할 수 있다.	선정한 주제가 목적에 적합하며, 주제가 대체로 명확하게 정의되어 있으나, 목표와 방향성에 약간의 개선이 필요하다.	선정한 주제가 목적에 부분적으로 적합하며, 주제가 다소 명확하지 않고 목표와 방향성 설정이 제한적이다.	선정한 주제가 목적과 전혀 맞지 않으며, 주제가 매우 불분명하고 목표와 방향성 설정이 전혀 되어 있지 않다.
	과정	문제 분석	문제상황과 관련하여 구체적인 사항을 근거로 들어 문제를 분명하게 분석할 수 있다.	일부 뒷받침하는 정보를 가지고 기본적인 문제점을 분석할 수 있다.	문제의 전체가 아닌 일부만 분석할 수 있다.	문제를 분석하는 데 어려움이 있다.
		자료 수집	주제에 적합한 다양하고 신뢰할 수 있는 자료를 충분히 수집할 수 있다.	주제에 적합한 신뢰할 수 있는 자료의 대부분을 수집할 수 있다.	주제에 적합한 일부 자료를 수집하였으나, 누락된 정보가 있다.	주제와 관련성이 낮거나 신뢰할 수 없는 자료를 주로 수집하였다.
		대안 도출	실현 가능하고 분명하게 기술된 해결책을 4가지 이상 도출할 수 있다.	합리적인 해결책을 2~3가지 제시할 수 있다.	해결책을 1~2개 제시할 수 있다.	어떤 해결책도 제시하지 못한다.
	산출물	내용	산출물의 아이디어가 독창적이며 내용이 풍부하고, 목적과 연관성이 높게 구성할 수 있다.	산출물의 아이디어가 창의적이며 내용을 주제에 크게 벗어나지 않게 구성할 수 있다.	산출물 아이디어의 창의성이 부족하며 내용이 주제에 벗어나지 않으나, 그 양이 빈약하다.	산출물의 아이디어가 거의 창의적이지 않으며 내용이 목적과 관련이 적거나 무의미하다.
		조직	산출물의 구조를 체계적이고 논리적으로 잘 조직할 수 있다.	산출물의 구조가 대체로 체계적이고 조직되어 있으나, 일부 개선이 필요하다.	산출물의 구조가 불완전하고 조직에 일관성이 부족하다.	산출물의 구조와 조직이 전반적으로 혼란스럽고 불완전하다.
		표현	전달력이 훌륭하고 표현을 명확하고 정확하게 할 수 있다.	전달력이 상당한 수준이지만 표현의 일부분에서 개선이 필요하다.	전달력이 제한적이며 표현이 모호하거나 정확성이 부족하다.	전달력이 낮으며 표현이 전반적으로 모호하고 정확하지 않다.
	디지털 리터러시	선별 능력	자료의 편파성을 이해하고, 다양한 범위의 선택지로부터 신중하게 합당한 선택을 할 수 있다.	신뢰할 수 있고 목적에 맞는 자료를 선택하는 데 자료의 편향성을 충분히 이해할 수 있다.	몇 가지 자료를 선정할 수 있으나, 목적에 맞는 것을 선택하는 전략이 효율적이지 못하다.	독자적으로 자료를 선정하고 관련성을 이해하는 데 어려움이 있다.

(계속)

단계		성취 기준	4단계	3단계	2단계	1단계
인지적	디지털 리터러시	평가	저자와 출처를 확인하고 정보의 편향성을 인식하는 능력이 뛰어나다.	저자의 신뢰도를 확인하고 정보의 일관성을 확인하는 능력이 뛰어나다.	웹사이트의 정보를 있는 그대로 받아들이나, 체크리스트가 있으면 정보의 불일치를 식별할 수 있다.	웹사이트 정보의 사실과 허구를 구별하는 데 도움이 필요하다.
		윤리성	저작권, 초상권과 같은 법적·윤리적 문제에 깊은 지식을 갖추고 있다.	출처를 인용하는 것과 같은 법적·윤리적 문제를 잘 알고 있다.	출처를 인용하는 것과 같은 법적·윤리적 문제에 대해 기본적인 이해를 하고 있다.	저작권, 초상권과 관련된 법적·윤리적 문제에 관한 지식을 거의 갖추지 않고 있다.
행동적	발표	의사소통	명확성, 속도, 음량 및 발화가 모두 효과적이고 의사소통의 효과를 높일 수 있다.	명확성, 속도, 음량 및 발화가 의사소통이라는 목적에서 받아들일 수 있다.	구두 의사소통의 중요한 한 부분이 미흡하다.	의사소통을 하는 데 어려움이 있다.
		내용 전달력	목적을 인식하고 그에 맞게 정보를 조직하여 내용을 전달할 수 있다.	목적을 잘 알고 있고, 정보와 발표가 의도한 목적을 달성할 수 있다.	목적을 분명히 알지 못하여 정보와 발표의 수준이 떨어진다.	목적을 제대로 알지 못하여 내용과 과정에 집중하는 데 어려움이 있다.
		태도	침착하고 정확하며, 청중의 반응에 따라 목소리, 내용의 깊이, 속도를 조절할 수 있다.	침착하며, 대개 청중에 대해 잘 알고 있고, 그들의 반응에 대응하려 노력할 수 있다.	노력은 하지만, 침착함과 전문성을 갖추거나 청중에 반응하는 데 어려움이 있다.	발표에 전문성이 부족하고, 청중의 반응을 알지 못한다.
정의적	수행 후 성찰	협력	공동의 목표를 달성하기 위해 융통성을 발휘하며 협업하였다.	공동의 작업을 진척시키기 위해 대체로 양보와 타협을 하였다.	양보와 타협의 부족으로 기대만큼 공동의 목표를 달성하지 못하였다.	의견 불일치가 많았고 일부 구성원은 자기 방식대로만 하려고 하였다.
		실천	학교 과제가 아닌 경우에도 문제해결능력을 성공적으로 사용할 수 있다.	교실 밖에서도 문제해결능력을 사용하려고 노력하며 대개 성공할 수 있다.	가끔 학교 밖에서 문제해결방식에 대해 생각할 때가 있다.	학교에서 체계적인 양식이 주어지고 누군가의 도움이 있을 때 문제해결을 할 수 있다.
		성찰	정밀하고 통찰력 있게 자신의 학습을 점검할 수 있다. 해당 학습이 자신의 기술과 지식을 개선하는 데 도움이 됨을 알 수 있다.	앞으로의 학습 개선을 위해 자신의 행동을 스스로 숙고할 수 있다.	성찰할 수 있도록 안내하고 상기시켜주면 자신의 학습을 개선할 수 있다.	자신의 학습에 대해 생각하도록 도와주는 시각적 또는 언어적 체계가 필요하며, 도움이 있으면 그에 기반하여 나아갈 수 있다.

자료: 이형빈(2023) ; Laura Greenstein(2021)

표 3-8은 **표 3-7**을 응용하여 제작한 루브릭으로, 고등학교 가정 교과 Ⅰ. 인간 발달과 가족 관계 중 '사랑의 의미-성숙한 사랑'을 주제로 한 수업의 과정중심평가 루브릭 예시이다.

표 3-8. '사랑의 의미' 수업 지도안 루브릭 예시

단계		성취 기준	4단계	3단계	2단계	1단계
인지적	내용 이해	사랑의 삼각형 이론 이해	사랑의 3요소(열정, 친밀감, 헌신)를 완벽하게 이해하며, 각 요소들의 구성에 따른 사랑의 유형별 특징을 유창하게 설명할 수 있다.	사랑의 3요소(열정, 친밀감, 헌신)에 대한 이해수준이 전반적으로 높고, 각 요소의 구성에 따른 사랑의 유형별 특징을 대체로 명확하게 설명할 수 있다.	사랑의 3요소(열정, 친밀감, 헌신)에 대한 기본적인 이해를 갖추고 있지만, 각 요소의 구성에 따른 사랑의 유형별 특징을 설명하는 데 일부 어려움이 있다.	사랑의 3요소(열정, 친밀감, 헌신)에 대한 이해가 부족하며, 각 요소의 구성에 따른 사랑의 유형별 특징을 설명하는 데 어려움이 있다.
	계획	주제 선정 (사진촬영)	성숙한 사랑에 대한 자신의 의견을 명확하게 표현할 수 있는 사진을 촬영하였으며, 사진을 통해 토의의 구체적인 방향성을 잘 제시할 수 있다.	성숙한 사랑에 대한 자신의 의견을 대체로 표현할 수 있는 사진을 촬영하였으며, 사진을 통해 토의의 방향성을 어느 정도 제시할 수 있다.	성숙한 사랑에 대한 자신의 의견을 부분적으로 표현할 수 있는 사진을 촬영하였으며, 사진을 통해 토의의 방향성을 제시하는 데 어려움이 있다.	성숙한 사랑에 대한 자신의 의견을 거의 표현하지 못하는 사진을 촬영하였으며, 사진을 통해 토의의 방향성을 제시할 수 없다.
		실천적 추론 주제 선정	성숙한 사랑과 관련된 실천적 추론 문제 상황을 정확하게 이해하며, 그에 대한 창의적이고 현실적인 실천방안을 사진을 통해 명확하게 표현할 수 있다.	성숙한 사랑과 관련된 실천적 추론 문제 상황을 대체로 이해하며, 그에 대한 적절한 실천방안을 사진을 통해 상당 부분 표현할 수 있다.	성숙한 사랑과 관련된 실천적 추론 문제 상황을 일부 이해하며, 그에 대한 기본적인 실천방안을 사진을 통해 부분적으로 표현할 수 있다.	성숙한 사랑과 관련된 실천적 추론 문제 상황을 거의 이해하지 못하고, 그에 대한 실천방안을 사진으로 표현하지 못한다.
	과정 (모둠별 토의)	자료 수집 (사진에 대한 토의)	모둠원에게 자신의 사진과 관련된 생각을 명확하고 적극적으로 공유하며, 동료의 의견과 피드백에 적극적으로 반응할 수 있다.	모둠원에게 자신의 사진과 관련된 생각을 어느 정도 공유하며, 동료의 의견과 피드백에 동의하거나 반박할 수 있다.	모둠원에게 자신의 사진과 관련된 생각을 부분적으로 공유하며, 동료의 의견과 피드백에 대한 반응이 제한적이다.	모둠원에게 자신의 사진과 관련된 생각을 거의 공유하지 않으며, 동료의 의견과 피드백에 참여하지 않는다.

(계속)

단계		성취 기준	4단계	3단계	2단계	1단계
인지적	과정 (모둠별 토의)	문제 분석 (사진에 대한 모둠별 토의)	모둠에서 선정한 사진의 주제가 성숙한 사랑과 연결되어 있으며, 사진의 주제 분석이 동료들에게 매우 의미 있는 통찰을 제공할 수 있다.	모둠에서 선정한 사진의 주제가 성숙한 사랑과 연결되어 있으며, 사진의 주제 분석이 대체로 의미 있는 통찰을 제공할 수 있다.	모둠에서 선정한 사진의 주제가 성숙한 사랑과 부분적으로 연결되어 있으며, 사진의 주제 분석이 제한된 통찰을 제공할 수 있다.	모둠에서 선정한 사진의 주제가 성숙한 사랑과 거의 연결되어 있지 않으며, 사진의 주제 분석이 거의 통찰을 제공하지 못한다.
		대안 도출	성숙한 사랑을 이루는 데 매우 타당하고 실행 가능한 실천방안을 도출할 수 있다.	성숙한 사랑을 이루는 데 상당히 타당하고 실행 가능한 실천방안을 도출할 수 있으나, 약간의 보완이 필요하다.	성숙한 사랑을 이루는 데 실행 가능한 실천방안을 한정적으로 도출할 수 있으며, 여러 가지 보완이 필요하다.	성숙한 사랑을 이루는 데 거의 실행 가능한 실천방안을 도출하지 못한다.
	산출물 (인포 그래픽)	내용	인포그래픽의 아이디어가 독창적이며, 중심 사진이 강력한 시각적 메시지를 전달하여 즉각적으로 관련 주제를 이해할 수 있게 한다.	인포그래픽의 아이디어가 창의적이며 중심 사진이 전달하는 메시지가 있으나, 다소 해석이 필요하다.	인포그래픽 아이디어의 창의성이 부족하며 중심 사진이 메시지를 확실히 전달하는 데 어려움이 있고, 추가 설명이 필요하다.	인포그래픽의 아이디어가 거의 창의적이지 않으며, 중심 사진이 전달하는 메시지가 불분명하거나 전혀 존재하지 않는다.
		조직	인포그래픽이 명확한 흐름과 함께 논리적으로 잘 조직되어 있어 정보를 쉽게 전달할 수 있다.	인포그래픽이 대체로 논리적으로 조직되어 있으나, 흐름에 약간의 개선이 필요하며 정보 전달이 가능하다.	인포그래픽이 부분적으로 논리적으로 조직되어 있으나, 정보 전달이 제한적이다.	인포그래픽이 전혀 논리적으로 조직되어 있지 않아 정보 전달이 매우 힘들다.
		표현	전달력이 훌륭하며, 표현을 명확하고 정확하게 할 수 있다.	전달력이 상당한 수준이지만 표현의 일부분에서 개선이 필요하다.	전달력이 제한적이며, 표현이 모호하거나 정확성이 부족하다.	전달력이 낮으며, 표현이 전반적으로 모호하고 정확하지 않다.
	디지털 리터러시	사진촬영 윤리	사진촬영에 대한 깊은 윤리의식을 가지고 있으며, 불가피하게 인물 근접 촬영을 할 경우 피사체에 적절한 동의를 구하고 촬영할 수 있다.	사진촬영에 대한 일정 수준의 윤리의식을 가지고 있으며, 대부분의 인물 근접 촬영에서 피사체에 동의를 구하고 촬영할 수 있다.	사진촬영에 대한 기본적인 윤리의식을 가지고 있으나, 일부 인물 근접 촬영에서 동의를 구하는 데 어려움이 있다.	사진촬영에 대한 윤리의식이 매우 부족하며, 인물 근접 촬영 시 동의를 구하는 능력이 거의 없거나 부족하다.
		윤리성	저작권, 초상권과 같은 법적 · 윤리적 문제에 깊은 지식을 갖추고 있다.	출처를 인용하는 것과 같은 법적·윤리적 문제를 잘 알고 있다.	출처를 인용하는 것과 같은 법적·윤리적 문제에 대해 기본적인 이해를 하고 있다.	저작권, 초상권과 관련된 법적·윤리적 문제에 관한 지식을 거의 갖추지 않고 있다.

(계속)

단계		성취 기준	4단계	3단계	2단계	1단계
정의적	발표	의사소통	명확성, 속도, 음량 및 발화가 모두 효과적이고 의사소통의 효과를 높일 수 있다.	명확성, 속도, 음량 및 발화가 의사소통이라는 목적에서 받아들일 수 있다.	구두 의사소통의 중요한 한 부분이 미흡하다.	의사소통을 하는 데 어려움이 있다.
		내용 전달력	인포그래픽을 통해 성숙한 사람의 개념과 토의결과를 명확하고 흥미롭게 전달할 수 있다.	인포그래픽을 통해 성숙한 사람의 개념과 토의결과를 대체로 명확하게 전달할 수 있으나, 일부 개선이 필요하다.	인포그래픽을 통해 성숙한 사람의 개념과 토의결과를 부분적으로 전달할 수 있으며, 전체적인 내용 전달력에서 보완이 필요하다.	인포그래픽을 통해 성숙한 사랑의 개념과 토의결과를 거의 전달하지 못하며, 많은 개선이 필요하다.
		태도	침착하고 정확하며, 청중의 반응에 따라 목소리, 내용의 깊이, 속도를 조절할 수 있다.	침착하며, 대개 청중에 대해 잘 알고 있고, 그들의 반응에 대응하려 노력할 수 있다.	노력은 하지만, 침착함과 전문성을 갖추거나 청중에 반응하는 데 어려움이 있다.	발표에 전문성이 부족하고, 청중의 반응을 알지 못한다.
	수행 후 성찰	협력	공동의 목표를 달성하기 위해 융통성을 발휘하며 협업하였다.	공동의 작업을 진척시키기 위해 대체로 양보와 타협을 하였다.	양보와 타협의 부족으로 기대만큼 공동의 목표를 달성하지 못하였다.	의견 불일치가 많았고, 일부 구성원은 자기 방식대로만 하려고 하였다.
		실천	성숙한 사랑의 개념을 완벽하게 이해하였으며, 이를 일상생활과 인간관계에 바르게 적용할 수 있다.	성숙한 사랑의 개념을 대부분 이해하였으며, 이를 일상생활과 인간관계에 전반적으로 적용할 수 있다.	성숙한 사랑의 기본 개념만 이해하였으며, 일상생활과 인간관계에 부분적으로 적용할 수 있다.	성숙한 사랑의 개념 이해와 실천에 어려움을 겪는다.
		성찰	정밀하고 통찰력 있게 자신의 학습을 점검할 수 있다. 해당 학습이 자신의 기술과 지식을 개선하는 데 도움이 됨을 알 수 있다.	앞으로의 학습 개선을 위해 자신의 행동을 스스로 숙고할 수 있다.	성찰할 수 있도록 안내하고 상기시켜주면 자신의 학습을 개선할 수 있다.	자신의 학습에 대해 생각하도록 도와주는 시각적 또는 언어적 체계가 필요하며, 도움이 있으면 그에 기반하여 나아갈 수 있다.

참고문헌

국내문헌

- 강순전(2009). 효과적인 철학, 논술, 윤리교육을 위한 학습자 중심의 수업 모델 연구 (1): 말하기 듣기 형식의 방법을 중심으로.
- 강승호 외(2012). 현대교육평가의 이해. 경기도: 교육과학사.
- 강소영 외(2023). 교육심리학. 서울: 학지사.
- 강현석, 주동범(2000). 교사양성 교육과정 설계모형의 분석적 탐구. 한국교원교육연구, 17(3), p.143-170.
- 교육부(2017). 2015 개정 교육과정 총론 해설 중학교.
- 교육부(2020a). 2020학년도 초중고특수학교 원격수업 운영 기준안.
- 교육부(2020b). 코로나-19 대응을 위한 교육과정 운영 예시 자료집[성취기준 재구조화·블렌디드 러닝 수업 자료].
- 교육부(2021). 유치원 및 초등·중등·특수학교 등의 교사자격 취득을 위한 세부기준 및 2021년도 교원자격검정 실무편람.
- 교육부(2023). 모든 학생의 성장을 지원하는 공교육 경쟁력 제고방안.
- 교육부, 한국교육과정평가원(2017). 과정을 중시하는 수행평가는 어떻게 할까요?
- 교육부, 한국교육과정평가원(2023). 2023학년도 학생평가의 이해.
- 권낙원, 최화숙(2010). 현장 교사를 위한 수업 모형. 서울: 동문사.
- 권성연 외(2019). 교육방법 및 교육공학. 경기도 교육과학사.
- 김경희 외(2022). 성취평가결과 분석을 통한 중등학교 성취평가제 운영 모니터링 연구(CRE 2022-2).
- 김도헌, 최우재(2003). Blended Learning을 통한 리더십 훈련 프로그램의 개발 및 평가 연구. 교육정보방송연구, 9(4), p.147-176.
- 김석우 외(2022). 교육평가의 이론과 실제. 서울: 학지사.
- 김성준 외(2010). 교과교육에서 창의성의 이론과 실제. 서울: 학지사.
- 김영채(2009). (창의적 문제해결) 창의적 수업을 위한 코칭가이드: 창의적 영재교육 미래문제 해결 프로그램 FPSP. 경기도: 교육과학사.
- 김영희(1996). 비판과학으로서의 가정학 개념의 재정립과 가정학 교육의 방향. 한국 가정과교육학회지, 34(6), p.343-352.

- 김은정, 장도준(2016). 〈링컨-더글러스 토론〉 모형을 원용한 의사소통교육 연구. 인문과학연구, 29(0), p.149-172.
- 김은정, 이윤정(2017). 예비 가정과 교사의 교수내용지식(PCK)과 교수 효능감 관련 연구. 한국가정과교육학회지, 29(1), p.57-70.
- 김종건(1999). 교육과정학의 역사. 교육과정연구, 17(2), p.379-392.
- 김종건(2007). 국가수준 교육과정 개정 과정에 대한 비판적 성찰. 통합교육과정연구, 1, p.152-173.
- 김주환(2007). 교실 토론의 방법. 서울: 우리학교.
- 김진영 외(2023). 교육방법 및 교육공학. 서울: 북앤정.
- 김혜진, 송현정(2020). 국어과 토론 수업을 위한 교실토론의 절차와 유형. 영주어문, 44, p.251-280.
- 문무상, 권지연, 신혜원(2020). 원격교육 수업 실행 방안. KERIS(한국교육학술정보원).
- 문용린, 최인수(2010), 창의·인성교육 현장 적용도 제고 방안 모색을 위한 공청회 자료집. 교육과학기술부, p.3-23.
- 박명주, 유태명(2001). 중학교 가정과 교수와 기술과 교사 및 사회 인구학적 변인에 따른 교육과정 관점에 관한 연구. 대한가정학회지, 39(11), p.161-174.
- 박미정(2006). 가정과교육의 미래 발전 전략 탐색: 정체성과 임파워먼트 및 비전을 중심으로. 교원대학교 박사학위 논문.
- 박미정, 김영애, 나현주(2011). 가정교과에서의 창의·인성 수업 모델 개발, 한국가정과교육학회지, p.25-68.
- 박미정(2012). 가정과교육에서의 창의·인성 수업 모델 개발 -'옷차림과 자기 표현' 단원을 중심으로-, 한국가정과교육학회지, 24(3), p.35-56.
- 박상완(2007). 교원양성 교육과정의 발전 방향과 과제, 한국교원교육연구, 24(2), p.143-173.
- 박일수, 김민섭(2021). 코로나 19에 따른 과정중심평가 운영에 대한 사례 연구. 통합교육과정연구, 15(2), p.57-77.
- 백영균 외(2010). 유비쿼터스 시대의 교육방법 및 교육공학. 서울: 학지사.
- 벅교육협회(2021). 처음 시작하는 PBL. 서울: 지식프레임.
- 변영계, 김영환, 손미(2007). 교육방법 및 교육공학. 서울: 학지사.
- 변영계(2022). 교수학습 이론의 이해. 서울: 학지사.
- 서울특별시교육청(2020). 원격-등교 수업에서 과정중심 평가 실천하기.
- 서정희 외(1993). 가정학원론. 서울: 도서출판 하우.
- 성은주(2001). 중학교 가정교과 의복구매 단원의 실천적 문제해결 모형을 적용한 수업개발 및 효과. 서울대학교.

- 성태제 외(2012). 최신 교육학개론. 서울: 학지사.
- 성태제(2014). 현대교육평가 4판. 서울: 학지사.
- 소경희(2006). 국가 교육과정 개발을 위한 장기 연구 설계(연구보고 RRC 2006-19). 서울대학교·한국교육과정평가원.
- 소경희(2010). 학문과 학교교과의 차이: 교육과정개발에의 함의, 교육과정연구, 28(3), p.107-125.
- 신재한, 김현진, 윤영식(2013). (창의인성교육을 위한) 토의·토론교육의 이해와 실제. 경기도: 한국학술정보.
- 양경윤, 황지현(2020). 온라인 학습이 즐거운 원격질문 수업. 서울: 경향BP.
- 양지선, 유태명(2017). 비판과학 관점의 가정과교육에서 추구하는 인간상, 대한가정학회, 55(1), p.67-80.
- 오만록(2012). 교육방법 및 교육공학. 경기도: 문음사.
- 유난숙(2018). 가정과수업에서 실천적추론수업의 학생성취에 대한 효과성 연구의 메타분석. 韓國 家政科敎育學會誌, 30(3), p.151-173.
- 유승우, 임형택, 권충훈, 이성주, 이순덕, 전희정(2017). 교육방법 및 교육공학. 경기도: 양서원.
- 유태명(1989). 교육과정의 국제적 비교-가정과 교육 방향의 재조명을 위한 가정학 철학 정립의 중대성. 한국가정과교육학회 92년도 제4차 학술대회집, p.43-59.
- 유태명(1996). 대한가정학회 제49차 총회 및 추계학술대회(주제: 21세기를 향한 가정학의 새로운 패러다임) 기조강연: 새로운 가정학 패러다임 모색을 위한 기존 패러다임의 비판적 검토, HER(Human Ecology Research), 34(6), p.425-441.
- 유태명(2006). 실천적 문제 중심 가정과 교육과정의 이해. 한국가정과교육학회지, 18(4), p.193-206.
- 유태명, 이수희(2010). 실천적 문제 중심 가정과 수업: 이론과 실제. 서울: 북코리아.
- 유태명, 유난숙, 양지선, 주수언(2019). 30년 역사에 비추어 본 미래 가정과교육 역할의 발전적 탐색. 한국가정과교육학회 학술대회 2019년도 춘계학술대회, p.45-72.
- 유태명, 주수언, 양지선(2019). Habermas의 비판이론에 기초한 미래 사회 변혁을 이끄는 가정교육학의 실천 방향 탐색. 한국가정과교육학회지, 31(1), p.169-192.
- 윤복자, 김경희(1983). 가정학 철학에 대한 Vincenti의 사적사상에 관한 고찰. 대한가정학회지, 21(3), p.151-160.
- 윤성하, 오경원(2018). 국민건강 영양조사 기반의 식생활평가지수 개발 및 현황. 질병관리청.
- 이경진, 김경자(2005). '실행'을 중심으로 본 교육과정의 의미와 교사의 역할. 교육과정연구, 23(3), p.57-80.
- 이동주, 임철일, 임정훈(2009). 원격교육론. 서울: 한국방송통신대학교출판문화원.
- 이림(2018). 우리나라의 국가 교육과정 개선과 관련한 쟁점 분석: '기준'이라는 용어를 중심으로. 학습자중심교과교육연구. 18(24), p.157-178.

- 이미숙 외(2013). 2009 개정 교육과정에 따른 초·중·고등학교 교육과정 해설 연구 -증보편. 한국교육과정평가원 연구보고 CRC 2013-13.
- 이성규 외(1994) 현대의 학문체계: 대학에서 무엇을 배울 것인가? 서울: 민음사.
- 이승해, 이혜자(2012). 미래문제해결프로그램(FPSP)을 적용한 친환경 의생활 수업이 창의·인성 함양에 미치는 영향. 한국가정과교육학회지, 24(3), p.143-173.
- 이양락(2015). 협동학습을 통한 과학 교수-학습. 경기도: 교육과학사.
- 이연숙(2002). 가정과교육의 이론과 실제. 서울: 신광출판사.
- 이영만, 김대현, 허승희, 황희숙, 김광휘(1998). 열린수업의 이론과 실제, 서울: 학지사.
- 이영희, 조희형(2015). 탐구기반 과학 교수-학습과 평가. 경기도: 교육과학사.
- 이정옥(2008). 토론의 전략. 서울: 문학과지성사.
- 이정은, 차현진(2016). 예비교사의 e-티칭포트폴리오 활용에서 성찰 지원을 위한 루브릭 모바일 어플리케이션 프로토타입 개발에 대한 연구. 교육정보미디어연구, 22(3), p.533-559.
- 이형빈(2023). 성장중심평가의 취지에 따른 평가 루브릭 개발 가능성 탐구. 교육과정평가연구, 26(2), p.259-278.
- 이홍우(2010). 교육과정 탐구. 서울: 박영사.
- 인천광역시교육청(2020). 학생주도학습으로 미래를 여는 인천형 블렌디드 수업을 바라보다.
- 인천광역시교육청(2021). PBL기반 교수학습자료: 고등학교 선택과목 기술·가정 교과(군) 가정과학.
- 임철일, 김동호, 한형종(2022). 원격교육과 사이버교육 활용의 이해. 경기도: 교육과학사.
- 임청환(2003). 초등교사의 과학 교과교육학 지식의 발달이 과학 교수 실제와 교수 효능감에 미치는 영향. 한국지구과학회지, 24(4), p.258-272.
- 임칠성, 최복자(2004). 토론 수업설계 모형 연구. 국어교육학연구, 21(0), p.391-431.
- 장명욱(1981). 가정학원론. 경기도: 교문사, p.181-207.
- 전미경(2004). 식민지 시대 가사교과서에 관한 연구: 1930년대를 중심으로. 한국가정과교육학회지, 16(3), p.1-25.
- 전미경(2005). 1900-1910년대 가정 교과서에 관한 연구 -현공렴 발행 "한문가정학", "신편가정학", "신정가정학"을 중심으로. 한국가정과교육학회지, 17(1), p.131-151.
- 정덕희(1993). 구한말 개화기부터 8·15 광복 직전 후의 가정과교육의 비교. 대한가정학회지, 31(2), p.1-14.
- 정문성(2013). 토의·토론 수업방법 56. 경기도: 교육과학사.
- 정미경 외(2021). 효과적인 수업을 위한 교육방법 및 교육공학. 경기도: 공동체.
- 정영식, 서정희(2020). 비대면 시대의 원격 수업 방향. KERIS(한국교육학술정보원).
- 조상식(2008). 19세기 서구 시민계급의 교육문화 형성과정 -가족개념 변화를 중심으로, 교육의 이론과 실천. 한독교육학회, 13(2), p.237-256.

- 조선덕, 송현정(2018). 국어과 수업을 위한 교실토론 모형설계 방안. 영주어문, 40(0), p.339-363.
- 조연순(2006). 문제중심학습의 이론과 실제. 서울: 학지사.
- 조연순, 성진숙, 이혜주(2009). 창의성교육. 서울: 이화여자대학교출판부.
- 조연순, 이명자(2017). 문제중심학습의 이론과 실제 2판. 서울: 학지사.
- 조유재(2022). 해방 이후 미국의 개발원조를 통한 생활개선론의 전개 -가정학을 중심으로-. 숭실사학, 49, p.293-332.
- 조은순, 염명숙, 김현진(2013). 원격교육론. 경기도: 양서원.
- 조현주, 권갑순(2003). 가정교과에서의 창의성 교수·학습 방법의 적용. 중등교육연구, 51(2), p.315-332.
- 조현주(2005). 가정학 정의의 도식적 접근. 중등교육연구, 53(2), p.513-530.
- 주수언, 유태명(2015). 미국의 가정과 교육과정 논의와 관련된 역사적 문헌 고찰. 한국가정과교육학회지, 27(2), p.1-33.
- 채정현, 박미정, 김성교, 한주(2019). 2015 개정 교육과정 반영 가정과교육론. 경기도: 교문사.
- 최정순, 홍선주(2023). 블렌디드 러닝에서 교사에 대한 기대 역할 탐색. 교육과정평가연구, 26(1), p.79-102.
- 케빈 리(2013). 디베이트 입문편: 대한민국 교육을 바꾼다. 서울: 한겨레에듀.
- 한국교육개발원(2016). OECD '교육 2030: 미래 교육과 역량'을 위한 현황분석과 향후 과제.
- 함명식(2004). 교육공학 및 수업기법. 대구: 태일사.
- David H. Jonassen(2009). 문제해결 학습 교수설계 가이드. 서울: 학지사.
- Jared Stein, Charles R. Graham(2016). 블렌디드 러닝 이론과 실제. 서울: 한국문화사.
- John Larmer, John Mergendoller, Suzie Boss(2017). 프로젝트 수업 어떻게 할 것인가? 서울: 지식프레임.
- Laura Greenstein(2021). 수업에 바로 쓸 수 있는 역량평가 매뉴얼. 서울: 교육을바꾸는사람들.
- Michael B. Horn, Heather Staker(2017). 블렌디드. 서울: 에듀니티.
- Paul D. Eggen, Donald P. Kauchak(2006). 교사를 위한 수업 전략. 서울: 시그마프레스.
- R. S. 피터즈(1980). 윤리학과 교육. 이홍우, 조영태 역. 경기도: 교육과학사.
- Ronald T. Hyman(2001). 교수방법. 권낙원 역. 서울: 원미사.
- Suzie Boss, John Larmer(2020). 프로젝트 수업 어떻게 할 것인가? 2. 최선경 외 역. 서울: 지식프레임.
- Young, R. E.(2003). 하버마스의 비판이론과 담론 교실. 이정화, 이지헌 역. 서울: 우리교육.

국외문헌

- 八幡(谷口)彩子(2001). 明治初期における翻訳家政書の研究. 東京: 同文書院. p.307-309.
- 今井光映. 山口久子(1991). 生活學としての家政學. 東京: 有斐閣.
- 孫峰茗(2008). 『婦女新聞』に見る明治日本の家政学. 言葉と文化. 9. p.127.
- Achievements in Vocational Education(1948. 5. 11). RG 332. USAFIK. XXIV Corps. G-2. Historical Section. Box 35. Dept. of Education: Primary & Secondary Schools thru Dept. of Education History: Text Books (3 of 3). (AUS179_01_05C0146_029. p.86).
- Baldwin. E. E.(1984) The nature of home economics curriculum in secondary schools. Doctoral dissertation. The Oregon State University.
- Baldwin. E. E.(1990). Family empowerment as a focus for home economics education. Journal of Vocational Home Economics Education. 8(2). p.1-12.
- Bobbit. F.(1918). The curriculum. Boston. MA: Houghton Mifflin.
- Bobbitt. N.(1986). Summary: Approaches to curriculum development. Journal of Vocational Home Economics Education. 4(2). p.155-161.
- Brown. M. M.(1978). A conceptual scheme and decision rules for selection and organization of home economics curriculum contents. Wisconsin Department of Public Instruction.
- Brown. M. M. & Paolucci. B.(1979). Home economics: A definition. Alexandria. VA: American Home Economics Association.
- Brown. M. M.(1980). What is home economics education? Minneapolis. MN: University of Minnesota. Minnesota Research and Development Center for Vocational Education.
- Brown. M. M.(1985). Philosophical studies of home economics in the United States: our practical intellectual heritage II. Michigan State University. East Lansing. MI: Michigan State University for Vocational Education.
- Catharine E. Beecher & Harriet Beecher Stowe(1870). The American Woman's Home: Or. Principles as applied to the Duties and pleasures of home. New York : J. B. Ford and Company.
- Deng. Z. & Luke. A.(2008). Subject matter: defining and theorizing school subjects. In F. Connally. M. He. & J. Phillion (Eds.). The SAGE handbook of curriculum and instruction (p.66-87). Thousand Oaks. CA: Sage.
- Donald J. Treffinger. Scott G. Isaksen. K. Brian Dorval(2004). CPS: 창의적 문제해결. 서울: 박영사.
- Driel. J. H. van & Beijaard. D.(2001). Enhancing science teachers' pedagogical content knowledge through collegial interaction. In J. Wallace. & J. Loughran (Eds). Leadership and professional development in science education-new possibilities for enhancing teacher learning (p. 99-115).
- East. M.(1980). Home Economics-Past. Present. and Future. Boston: Allyn and Bacon. INC.

- Gess-Newsome, J.(1999). Pedagogical content knowledge: An introduction and orientation. In J. Gess-Newsome & N. Lederman (Eds). Examining pedagogical content knowledge (p.3-17). Dordrecht, The Netherlands: Kluwer Academic Publishers.
- Habermas, J.(1971). Knowledge and human interests. Boston, MA: Beacon Press.
- Habermas, J.(1979). Communication and the evolution of society. Boston, MA: Beacon Press.
- Hultgren, F. H.(1982) Reflecting on the meaning of curriculum through a hermeneutic interpretation of student teaching experiences in home economics. Unpublished doctoral dissertation, Pennsylvania State University.
- Jonassen, D. J., Howland, J., Moore, J. & Marra, R. M.(2003). Learning to solve problems with technology: A constructivist perspective. Merrill/Prentice-Hall.
- Laster, J. F(1982). A Practical Action Teaching Model. Journal of Home Economics, 74(3), p.41-44.
- Laster, J. F. & Dohner, R. E.(1986). Vocational Home Economics Curriculum: State of the Field. American Home Economics Association.
- McGregor, S. L. T. & Goldsmith, E. B.(1998). Expanding our understanding of quality of life, standard of living, and well-being. Journal of Family and Consumer Sciences, 90(2), p.2-6.
- McGregor, S. L. T.(2006). Transformative practice. East Lansing, MI: Kappa Omicron Nu.
- Nickols, S. Y. & Collier, B. J.(2015). Knowledge, mission, practice: The enduring legacy of Home Economics. In S. Y. Nickols & G. Kay (Eds.), Remaking Home Economics: Resourcefulness and innovation in changing times (p. 11-35). Athens, GA: University of Georgia Press.
- Ralph W. Tyler(1949). Basic Principles of Curriculum and Instruction. University of Chicago Press.
- Schubert, W.H.(1986). Curriculum: Perspective, paradigm, and possibility. NY: Macmillan.
- Shulman, L. S.(1987). Knowledge and teaching: Foundation of the new reform. Harvard Educational Review, 57(1), p.1-22.
- Simonson, M., Smaldino, S., Albright, M. & Zvacek, S.(2003). Teaching and learning at a distance: Foundations of distance education (2nd ed.). Prentice-Hall.
- Vincenti, Virginia B.(1981). A History of the Philosophy of Home Economics. Unpublished Doctoral Dissertation, America: The Pennsylvania State University.
- Vocational Education - Weekly Summary, Dept. of Education(1947). USAMGIK, RG 332, USAFIK, XXIV Corps, G-2, Historical Section, Box 35, Dept. of Education: Primary & Secondary Schools thru Dept. of Education History: Text Books (1 of 3).
- Watters, M. E.(1981). Family and self-formation: A qualitative analysis drawing from the critical theory of Jurgen Habermas. Unpublished doctoral dissertation. East Lansing, MI, Michigan State University.

인터넷 사이트

- 교실온닷. https://edu.classon.kr/edu/myPage/operationGuide/work/workList.do
- 구글 클래스룸. https://play.google.com/store/apps/details?id=com.google.android.apps.classroom
- 국민건강영양조사 FACT SHEET: 건강행태 및 만성질환의 20년간(1998–2018) 변화. https://policy.nl.go.kr/search/searchDetail.do?rec_key=SH2_PLC20200255775
- 김기연(2019. 1. 4). "한국인 식생활지수, 20대가 가장 낮아". 대한급식신문. http://www.fsnews.co.kr/news/articleView.html?idxno=32195
- 남빛하늘(2021. 1. 15). "생수 라벨 없애고, 플라스틱 빨대 줄이고… 편의점 업계, '친환경' 바람". 시사위크. https://www.sisaweek.com/news/articleView.html?idxno=141210
- 두산백과. "유비쿼터스". https://terms.naver.com/entry.naver?docId=1221666&cid=40942&categoryId=32851
- 유튜브. [가족소통 캠페인] 미니드라마 가족톡톡 ep3. 엄마, 내 말 좀 들어줘. https://www.youtube.com/watch?v=u79kd-WDxlM
- 유튜브. [밀착카메라] 가격표 붙은 멀쩡한 것도… 산더미처럼 쌓인 '버려진 옷'. JTBC 뉴스룸. https://www.youtube.com/watch?v=f9tOfiWdj7s
- 유튜브. 일주일 동안 편의점 음식만 먹은 당신에게 벌어질 일 [EBS 하나뿐인 지구 – 편의점 삼시 세끼]. https://www.youtube.com/watch?v=hYApqnCU8SI
- 유튜브. 한국산 스팸에만 있는 '노란 뚜껑'. 먹다 남은 거 보관용으로 쓰면 안 된다고?. 스브스뉴스. https://www.youtube.com/watch?v=KvZk2VdO5jk
- 유튜브. Steve Cutts. "Man". https://www.youtube.com/watch?v=WfGMYdalClU
- 유튜브. Steve Cutts. "Man 2020". https://www.youtube.com/watch?v=DaFRheiGED0
- 추은효(2018. 12. 30). "끼니 거르고 짜게 먹어"...한국인 식생활, 20대 56.7점으로 최하위. ytn. https://www.ytn.co.kr/_ln/0103_201812301415149107
- 패들렛. https://padlet.com/
- 학생평가지원포털. 서·논술형 평가도구-고등학교 기술·가정 서·논술형 문항 '지속 가능한 소비생활의 실천'. https://stas.moe.go.kr/cmn/main
- 학생평가지원포털. 서울특별시교육청 중등교육과(2023). 2023학년도 중등 학생평가 내실화 계획(안내용). https://stas.moe.go.kr/cmn/page/pageContDtl:H_ACVMT_EVAL

찾아보기